机器人流程自动化（RPA）
UiBot 开发者认证教程
（上册）

褚 瑞　袁志坚　著

电子工业出版社
Publishing House of Electronics Industry
北京·BEIJING

内容提要

本书是 UiBot 开发者认证教程，分为上、下两册，上册为应用指南篇，下册为开发者指南篇。

应用指南篇（上册）介绍 RPA 的基本概念、RPA 平台、RPA+AI 应用、RPA 典型行业案例、RPA 行业未来展望等内容。通过大量真实案例的讲解，可以帮助政府组织和企业将 RPA 应用到具体业务场景中，实现降本增效、高质量运营，进而充分释放人才创造力，提升业务效率与资源配置效率，最终实现企业高质量发展。

开发者指南篇（下册）是 UiBot Creator 的开发者指南，又分为初级篇和进阶篇两部分。初级篇讲解流程开发的基础知识，包括 RPA 和 UiBot 介绍、UiBot 基本概念、有目标命令、无目标命令、软件自动化、逻辑控制语句、UiBot Worker 等内容。通过初级篇的学习，读者可以掌握 UiBot 基础概念和基本操作，能够编写简易流程。

进阶篇讲解使用 UiBot Creator 进行流程开发的进阶知识，包括 UB 语言参考、编写源代码、数据获取和数据处理方法、网络操作、系统操作、AI 功能、高级功能、扩展命令、UiBot Commander 等内容。通过进阶篇的学习，读者可以掌握 UiBot 最强大的组件功能和最实用的流程开发技巧，能够编写复杂的业务流程。最后附赠了两套 UiBot 认证试题（初级试题和中级试题），读者可以到 UiBot 官网免费参加 UiBot 开发者认证，检验一下学习成果。

本书既可以作为初次接触 RPA 的入门读物，为政府公务人员、企业组织决策者、资深 CIO 等提供 RPA 应用参考，也可以作为本科、中高职院校等在校学生及 RPA 从业者参加 UiBot 认证工程师资格考试的教材，对愿意从事 RPA 行业的其他领域工程师，也极具参考价值。

未经许可，不得以任何方式复制或抄袭本书之部分或全部内容。
版权所有，侵权必究。

图书在版编目（CIP）数据

机器人流程自动化（RPA）UiBot 开发者认证教程. 上册 / 褚瑞，袁志坚著. — 北京：电子工业出版社，2020.5
ISBN 978-7-121-38653-4

Ⅰ. ①机… Ⅱ. ①褚… ②袁… Ⅲ. ①机器人–程序设计–教材 Ⅳ. ①TP242

中国版本图书馆 CIP 数据核字（2020）第 037249 号

责任编辑：田 蕾
印　　刷：北京虎彩文化传播有限公司
装　　订：北京虎彩文化传播有限公司
出版发行：电子工业出版社
　　　　　北京市海淀区万寿路 173 信箱　邮编：100036
开　　本：787×1092　1/16　印张：15.5　字数：421.6 千字
版　　次：2020 年 5 月第 1 版
印　　次：2023 年 6 月第 6 次印刷
定　　价：89.00 元（全 2 册）

凡所购买电子工业出版社图书有缺损问题，请向购买书店调换。若书店售缺，请与本社发行部联系，联系及邮购电话：（010）88254888，88258888。
质量投诉请发邮件至 zlts@phei.com.cn，盗版侵权举报请发邮件至 dbqq@phei.com.cn。
本书咨询联系方式：（010）88254161～88254167 转 1897。

指南核心发现

RPA 在中国的发展特点：

　　RPA（机器人流程自动化）作为一种敏捷、高效、成本可控的数字化转型方式，已成为近年来关注度最高的技术趋势之一——通过在计算机系统配置 RPA 软件机器人，模拟人类与软件、系统间的交互，能够实现人类常规操作的自动化。RPA 最早应用于欧美、日本等劳动力成本高昂的国家和地区，从财务税务应用场景进入中国，虽然进入中国市场时间较晚，但积累了良好的使用口碑，目前已经应用到金融、保险、电力、通信、物流、零售等行业。

RPA 平台的价值：

　　RPA 技术本身具有跨行业、跨平台、跨部门的特点，不仅适用于财务、行政、人力等通用部门，也适用于其他业务场景。对于企业来说，RPA 技术落地快、执行快、见效快、成本可控，作为非侵入式的手段，易于调整扩展，是企业数字化转型的有力工具。

RPA+AI 的价值：

　　与 AI 技术相结合，RPA 突破性地实现了"智能化地解决重复性劳动"的问题，也实现了更多业务场景数据的打通。企业选择具备强大的 AI 能力的 RPA 平台，可以解决 AI 技术落地难、成本高、有联网要求等应用障碍，快速将 AI 及相关技术应用到业务中，充分释放企业各系统的业务数据价值，进而利用数据为运营决策服务，实现企业运营效率的提升，构建企业的核心竞争力。

如何将 RPA 技术应用到企业业务：

最好用的 RPA 机器人，一定是由它的使用者设计的，使用 RPA 平台的方式将技术应用落地，能够"快速建立起业务人员和 RPA 技术之间的桥梁"。因此，企业需要考虑去选择功能强大、易学易用、可扩展、安全稳定的 RPA 平台。同时，也要观察 RPA 平台本身的生态规模，是不是能够满足企业后续的扩展、维护的需求；观察平台有没有能力与更广泛的人工智能和数字化技术相结合，不断帮助企业把自动化拓展到更多业务场景。

从 RPA 应用到构建企业自动化能力：

目前，RPA 产品多应用于大中型企业，但从长期来看，每一家公司都要拥有自己的数字化员工，每一个工作人员，也都需要将自己的自动化技能和核心业务技能进行升级。企业选择应用 RPA 技术，首先需要建立企业内部的自动化思维和自动化推广机制，帮助员工获得自动化、智能化的技术知识，这样才能有效地推动企业人才与业务的双转型。

前　言
Preface

目前，我国经济已由高速增长阶段转向高质量发展阶段，这一指导理念为我国各行业从发展方向、发展手段到发展目标的升级指出了方向。具体到企业与组织层面的表现为：

- 如何在高质量发展的经济背景下，帮助企业降本增效，实现高质量运营？
- 如何满足企业对于人才转型的需求，充分释放人才的创造力，构建新一代的劳动力方案？
- 如何通过打通跨系统、跨部门的数据，进而提升业务效率与资源配置效率，最终实现企业自身的高质量发展？

在过去几年，机器人流程自动化（RPA）通过软件机器人模仿人类行为，用于自动处理大量重复的、基于规则的工作流程任务，比如在不同系统、软件之间，录入、处理、导出数据。相对于传统人工手段，在完成速度、工作时长、准确度、时效性等方面都具有明显的优势。

新智能，带来新效率。进入"新智能时代"，人工智能及相关技术将 RPA 推向更广泛的应用场景，从标准的结构化数据，到非结构化数据，再到与数据相关的一切提取、转换、处理，RPA + AI，是实现企业数字化转型的有力手段和工具，正在全面参与到企业业务流程中：

一方面，结合 AI 技术后，RPA 可以满足财务、人力等平台支撑部门更复杂的自动化需求，甚至已经参与到业务的自动化，使企业员工可以专注于构建自身的核心技能，释放员工的创造力。

另一方面，通过 AI 技术打通场景、平台，可以赋能不同业务与部门间数据的流通，达成资源配置效率和业务效率的全面提升，构建了企业的数字化环境，为新业务形态的发展提供了自动化基础。

而在日趋激烈的内外部竞争环境中，帮助企业与组织建立自主可控、强大安全的效率提升方式，是中国人工智能和数字化技术企业的使命。

作者希望通过本书，可以把在 RPA 领域的第一手服务实践和洞察，在人工智能算法研究和产品研发的多年经验进行归纳，为中国企业在以下方面的决策提供信息参考：

1. 有哪些代表性的场景和领域的工作，可以通过 RPA 解决？RPA 能带来哪些具体的价值？
2. 如何结合自身业务特点，选择适合的 RPA 解决方案？国内外有哪些值得借鉴的成果？
3. 如何培养发展企业人才的数字化能力？如何塑造新一代企业的自动化思维？

目 录
Contents

第 1 章　寻找推动效率提升的新动能　　　　1

第 2 章　RPA 平台，从了解到应用　　　　7

第 3 章　RPA+AI 的应用介绍　　　　21

第 4 章　代表性企业案例　　　　27

第 5 章　展望：走进智能时代的中国企业　　　　41

第1章
寻找推动效率提升的新动能

1.1 企业需求背景与业务痛点

> **核心需求总结**
>
> 劳动力升级：面对劳动力效率提升、员工创造力提升的需求，企业一方面需要引入数字劳动力，另一方面需要培养员工的自动化技能，实现劳动力方案升级。
>
> 业务升级：对于业务升级的挑战，企业需要将各系统、领域内的数据打通，充分发挥数据价值，提升业务决策效率；同时，通过构建数字化环境，自动化地运营基础设施，帮助企业寻找新的业务形态与增长点。

当今中国企业与组织一方面面临着人口红利的衰退、劳动力成本的攀升，另一方面又面临着愈加激烈的全球竞争环境，只有通过不断优化价值生产效率，才能持续提升企业的创造力。企业之间的竞争，核心在于人的竞争，创造力的发展前提，在于能吸引到人才，让他们不再为烦琐的重复性事务所拖累，而专注于创造性的工作，发挥价值。面对劳动力效率提升、创造力提升的需求，企业也需要相应的劳动力方案升级。

在业务效率层面，企业历经多次信息化建设的发展，通过设备和系统的升级，已经体验到了业务数据化、信息化带来的效率提升。但不同系统、不同部门之间的业务数据仍未完全打通，无法全面释放数据的价值，实现数字化运营，运营模式的本质升级。

同时，由信息化系统、软件、设备和企业业务发展所带来的信息隔离、数据孤岛，也进一步导致了一线使用者工作量的增加。伴随5G带来更高速率、更低时延、更大连接能力的通信网络，我国将率先迈进数字化的新阶段。5G

所催生的智慧城市、物联网、工业互联网等多项领域的技术与应用升级，将对原有的人与系统、人与设备之间的协作关系再次提出挑战。

通过对中国企业与组织业务的长期观察，我们认为以下3个方面的问题迫切需要得到解决：

（1）人为系统所牵制，制约了企业效率实质提升

伴随信息化建设的发展，多软件、多系统、多版本并存已经成为常态。如果过分依靠人力去完成跨系统的交流与操作，实现业务在系统间的流转，必将带来极大的工作量，制约企业效率的实质提升。企业迫切需要一双无形的手串联起不同系统，实现人机协同，而不是人为系统所牵制。

（2）碎片化的业务数据，阻碍企业实现资源合理配置和高质量运营

中国的大中型企业，基本于5年前，就已完成了企业信息化的初步建设，企业各业务和职能系统，一方面在数字化发展中积累了可观的数据，另一方面，却缺乏有效的手段将不同业务之间的数据打通。面向企业数据的"最后一公里"痛点，需要快速打破系统瓶颈，通过数据的流通，让业务和业务之间，业务和部门之间产生信息闭环，为资源配置的最优决策和企业高质量运营，构建数据基础。

（3）现有劳动力方案，难以充分释放企业人才创造力

伴随人口红利的减少，劳动力成本的上升，企业一方面遇到了新技术人才的短缺，现有员工对新技术掌握不足的问题，另一方面因为人才发展的缓慢，影响了企业发展的效率，难以匹配企业对创造力提升的强烈需求。人才创造力是企业发展的动力。如何赋予人才数字化技能，将人口红利转变为人力资本红利，抓住新业务机遇？企业需要相应的数字化人才战略。

1.2 RPA 的特点与优势

机器人流程自动化（RPA）是企业业务自动化的核心基础设施，就像让列车高速行驶的轨道，通过 AI 技术赋能，用 RPA 打通业务场景，串联起企业的信息化系统、软件平台与业务流程。

RPA 机器人具备卓越的执行效率和极低的出错率，同时又可以连续运行，具有广泛的应用价值和实际优势。

1. 即时可见的数字化成果

使用 RPA，企业可以即时看到投入产出比，获得可量化的数字化转型成果，比如工作时间的缩短、运营成本的降低、员工满意度和幸福感的提升。

2. 快速部署，风险可控

企业系统升级往往消耗巨大成本，预期难以估计。RPA 项目是低风险、非侵入性的，可以在不干扰、不改变现有企业计算机系统的情况下快速完成部署、实施。

3. 人机协作，产出加倍

采用 RPA 技术，既是雇佣数字劳动力，也是赋予员工自动化的技能和工具，整体来看提升了传统人力的产出，对于人力资源丰富的组织来说，产出提升总额也会更高。

（1）减少人为错误，防范数据欺诈：采用 RPA，本身就是一种更安全的信息观念，机器人的模拟操作，避免了人为操作错误和信息误差。同时，可以通过减少办公者与敏感数据的接触，从而防范数据隐瞒、欺骗等问题的发生。

（2）弹性的劳动力供需方案：对于业务需求的周期性变化，企业需要弹性可控的数字劳动力资源，采用人机结合，完美实现了劳动力需求与供给的匹配。

（3）提升企业创造力：长期来看，应用 RPA 以后，劳动者的工作满意度大幅度提升，有更多时间和精力去从事那些更有创造性的工作，为组织创造更高价值。

4. RPA 技术的应用趋势

在欧美国家，RPA 已经不是陌生的技术。早在 2015 年，英国政府就已经在国家税务领域引入 RPA 试点，目前 RPA 已经部署到内务部、教育与科学部等近 10 个政府机构，实现了 110 个业务流程的自动化。内阁办公厅还成立了专门的内部组织，支持各机构 RPA 的推进实施。

2017 年，美国国家航空航天局的共享服务中心就开始研发自己的 RPA，尝试用于财务管理、采购和人力资源管理。

2019 年，美国白宫发布 Pledge to America's Workers 计划，美国政府与包括 Google 在内的多家科技公司签约，为美国工人提供更多教育与培训，其中包括 5 年内对 750 000 名工人进行 RPA 培训，帮助他们获得自动化技能，推进 RPA 的全民化，迎接劳动力转型升级。

2016—2017 年，四大会计师事务所首先将财税场景的 RPA 机器人引入国内。良好的项目口碑使 RPA 产品在企业内部和企业之间快速传播，推动了 RPA 在人事、采购、法务以及其他业务场景的应用。

5. RPA+AI 人才培养

在企业数字化转型和人工智能技术快速发展的背景下，每个企业都需要拥有自己的 RPA+AI 专业人才。

- 企业业务人员掌握了基础的 RPA 技能，就是掌握了智能时代的人机协作方法，将帮助企业实现创造力的全面释放；
- 企业和组织在自动化思维塑造与数字化技能水平提升上占领先机，则意味着企业真正获得了自动化的发展先机，将率先实现将劳动力数量的优势，转化为人才创造力的优势。

对 RPA+AI 人才的培养，既是企业自身转型的必经之路，也是 RPA 平台的责任，RPA 平台应当充分调动企业、协会、高校、技术社区的资源，结合各方优势，共同培养中国的 RPA+AI 人才，实现中国劳动力的转型升级。人才的培养需要一个完整的支持体系：

（1）引导：人才培养方向、人才评定标准设置；

（2）培训：联合高校、软件人才协会、开发者社区，通过完善的培训体系，多元化的培训内容和形式，满足不同背景人才的培训需求；

（3）实践：由 RPA 平台提供开发技术专家的第一手经验支持，以及工作实践资源支持；

（4）交流：成规模的开发者社区，满足学员、开发者、关注者对于 RPA 知识和经验的交流需求。

---— 补充阅读 ——

作为国内领先的 RPA+AI 平台，来也科技具备 RPA 软件和 AI 技术双重背景实力，致力于为中国企业的数字化与智能化转型需求培养技术人才：

- 帮助普通企业员工学习 RPA 技术，掌握自动化技能；
- 帮助企业 IT 人员实现技能转型，掌握 RPA、AI 等最新的技术，在企业内部建立数字化转型的自有专家；
- 对开发者、高校相关专业的学生进行 RPA、AI 等技术的培训，满足未来企业更多业务场景的自动化开发需求。

目前，针对以上目标，来也科技提供 RPA 工程师、RPA 实施工程师、RPA 培训师、AI 训练师、RPA 咨询分析师等多个岗位的培训，正在开展线上线下相结合、日趋完善的人才培养建设。

第 2 章
RPA 平台，从了解到应用

2.1 何为 RPA 平台

通常 RPA 平台由三部分构成，覆盖了 RPA 机器人从开发，到部署，再到管理、调度、扩展的完整过程。

01 机器人开发工具
负责开发流程自动化机器人。

02 机器人执行工具
负责执行开发工具所设计的工作流程。

03 机器人管理中心
对机器人工作日志追踪与实时监控，对机器人工作站进行综合调度与权限控制。

> 补充阅读

以来也科技的 RPA 平台 UiBot 为例

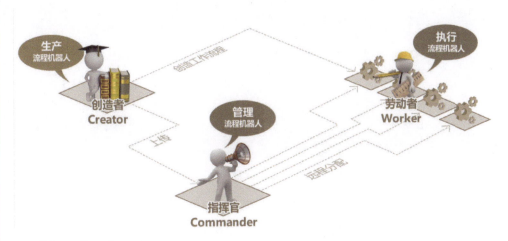

UiBot Creator

采用中文可视化界面（同时支持低代码或无代码的流程开发，以及专业开发模式）与拖曳式开发组件，支持一键录制流程并自动生成机器人，支持浏览器、桌面、SAP 等多种控件抓取，支持 C、Java、Python、.Net 扩展插件及第三方 SDK 接入，兼顾入门期的简单易用和进阶后的快速开发需求。

UiBot Worker

具备人机交互和无人值守两种模式，在人机交互模式下，通过人机协同的方式，完成桌面任务。在无人值守模式下，能够根据 UiBot Commander 的指挥，自动登录工作站，并全自动地完成任务。两种模式均支持定时启动、错误重试、任务编排等功能。

UiBot Commander

能够指挥多个 UiBot Worker 协同工作，既可以让多个 UiBot Worker 完成相同的工作，也可以把不同的工作自动分配给不同的 UiBot Worker。支持多租户和灵活的权限控制，拥有安全审计系统，支持机器人工作日志追踪与实时监控。

2.2 如何将 RPA 应用到日常业务

参考 UiBot 的 RPA 方案落地服务经验，企业从无到有应用 RPA 通常可以分为以下 7 个步骤。

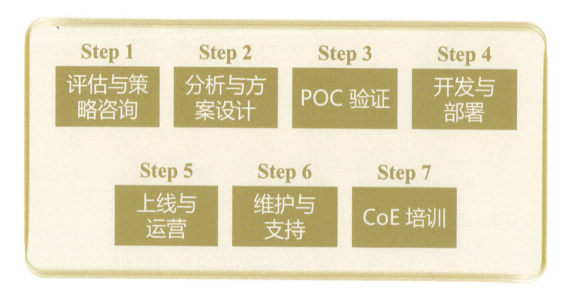

Step 1 评估与策略咨询　RPA 咨询人员与企业一线业务人员充分沟通，根据实际业务需求，明确其中适用于 RPA 的场景，优先进行自动化方案设计，并帮助用户了解自动化效果预期。同时配合企业内部协调 RPA 引进和启动所需的准备工作。

---- 补充阅读 ----

UiBot 实践经验

实现周期：平均 2～3 个工作日。

实现方式：通常由 UiBot 生态合作伙伴主导完成需求梳理。企业内部 IT 人员可在 UiBot 官网免费下载机器人开发工具 UiBot Creator 的社区版提前试用体验。

第 2 章　RPA 平台，从了解到应用

Step 2　分析与方案设计　针对企业选定的需求场景，进行需求调研和分析，梳理出工作流程图，制定具体的自动化实施方案。

补充阅读

UiBot 实践经验

实现周期：平均 2～3 个工作日。

实现方式：通常由 UiBot 的 RPA 顾问团队或 UiBot 在 IT、BPO、财税等领域的生态合作伙伴的顾问人员完成。

Step 3　POC 验证　针对某一具体工作场景下成熟的自动化需求，由 RPA 厂商创建 POC 验证，企业管理者和相关工作者，通过亲眼可见的 RPA 操作，见证机器人如何模拟人类行为，提前预知 RPA 应用后的投入产出比。

补充阅读

UiBot 实践经验

实现周期：平均 2～5 个工作日。

实现方式：通常由 UiBot 生态合作伙伴的技术人员完成并演示。

Step 4　开发与部署　在需求场景中，按照已制定的自动化实施方案，进行机器人开发、调试和部署。

补充阅读

UiBot 实践经验

实现周期：平均 5 个工作日。

实现方式：通常由 UiBot 生态合作伙伴实施。

Step 5 上线与运营 | 当 RPA 开始运行，企业相关人员需要关注和追踪机器人的工作效果，充分使用 RPA 机器人发挥价值，并对收益进行评估。

— 补充阅读 —
UiBot 实践经验

实现方式：企业内部业务人员自己即可操作，根据自身需求变化，简单调整参数完成。

Step 6 维护与支持 | 对 RPA 机器人的运行效果评估，针对运行中的问题，进行调整和优化；同时继续挖掘其他自动化需求场景，推进企业自动化能力的发展和提升。

— 补充阅读 —
UiBot 实践经验

实现周期：平均 24 小时内

实现方式：UiBot 建立了工程师 24 小时在线的 QQ 群等高效的反馈机制，通常企业遇到的各类产品技术问题在 24 小时内就可以得到解决。

Step 7 CoE 培训 | CoE（卓越中心），也可理解为企业内部的自动化核心小组，通常由外部专家对这个小组进行培训，帮助企业自上而下了解自动化技术，建立自动化观念，同时帮助员工建立对 RPA 的正确认知，掌握日常工作所需的 RPA 技能。

— 补充阅读 —
UiBot 实践经验

实现周期：视培训范围、深度而定

实现方式：由 UiBot 的 RPA 导师主导，对企业业务人员和 IT 人员进行初步培训，培训完成后学员可进一步学习技能，参加 RPA 认证考试。

CoE 的价值与能量——建立企业内部的自动化核心小组

RPA 作为一种敏捷、高效、成本可控的数字化转型方式，不仅仅限于为独立的项目提供解决方案，也能帮助整个企业构建自动化、智能化能力。而企业最终是否能够具备这种能力，将成为未来企业间竞争的差异化因素。

- 如何帮助员工尽快获得数字化技能，实现更多价值，而非产生机器取代人的焦虑与误解？
- 如何稳步推进 RPA 技术在各项业务的进展，发挥价值？
- 如何纵观全局，充分利用自动化所激发的数据价值，实现高效运营决策？

RPA 在企业应用落地的过程，也是企业内部的自动化思维从无到有的发展过程。在这个过程中，不仅需要员工对工作方式、工具的转变建立正确认知，管理层对自动化的推广手段，以及效果评估和激励手段也需要相应升级。

推广手段：在 RPA 应用的初期，企业就可以在内部构建一个跨职能、跨层级的自动化组织，也就是海外企业通常提到的 CoE。从内部出发，从管理层出发，推动企业整体快速、持续、有效地理解自动化思维，鼓励员工学习 RPA 技能，提升他们的工作效率，进而提升工作幸福感和专业核心技能。

效果评估：当管理层思考关键效果指标时，应从全局出发，既要关注直接的效率提升，也要关注通过自动化与智能化技能的推广，而带来的创造力的提升。在计算自动化的投资回报时，除了需要考察工作效率的提升、人力成本的降低，也应把员工创造力的提升纳入考察范围，衡量员工是否得以更好地发挥核心技能为企业创造价值。因为，我们通过 RPA 机器人完成重复烦琐的工作，最终是为了使员工能够专注于更高价值的工作。

2.3 应用成本

RPA 平台的直接与隐形成本一览

选择 RPA 平台，从费用、时间、人力等方面，企业需要考虑到哪些直接与隐形的成本？

服务项目	硬件费用	软件费用	人工费用	企业人员配合
平台基础使用成本				
评估与策略咨询	无	无	周期短，费用低	业务人员
分析与方案设计	无	无	周期短，费用低	业务人员
POC 验证	无	无	无	业务与 IT 人员
开发与部署	部分可涉及	视部署规模而定	周期短，费用低	无
自动化技能培训	无	无	周期短，费用低	业务与 IT 人员
上线与运营	无	无	企业自行运营	业务人员
维护与支持	无	无	按需提供，费用低	业务与 IT 人员
AI 组件及相关功能使用成本				
流程发现机器人	私有部署：需要客户提供硬件终端	私有部署：有，分摊自研发费用	私有部署：收取额外的部署费用，费用随数据量规模扩大而增加	IT 人员，同时需要业务人员试用
	SaaS：RPA 厂商提供硬件，成本和上报数据量基本成正比	SaaS：所需费用根据项目具体情况而定（备注：若有定制开发，都会产生相应软件费用）	SaaS：无	
对话机器人	无	按年订阅	按需提供，主要用于机器人搭建和训练	业务人员
OCR	私有部署：需要客户提供硬件终端	私有部署：有，分摊自研发费用	私有部署：收取少量的额外部署费用	IT 人员
	SaaS：RPA 厂商提供硬件，成本和调用量基本成正比	SaaS：所需费用根据项目具体情况而定	SaaS：无	
NLP	无	按需提供定制化开发，产生相应软件开发费用	按需提供	IT 人员

> 补充阅读
>
> **费用影响因素**
>
> （1）流程复杂程度
>
> 业务流程越复杂、涉及场景越多，设计与开发周期则越长，因而所需的开发人员数量、总工作时间越多，成本会相应提高。
>
> （2）企业对于 AI 技术相关功能的需求
>
> 通过引入 OCR、NLP 等 AI 技术，引进流程发现机器人、对话机器人，可以帮助企业实现更深层次、更广泛的场景打通，推进业务自动化规模。因此在 RPA 基础平台费用支出之外，AI 组件和相关功能会产生相应的费用。但是从整体支出来看，通过 RPA 平台应用 AI 技术，是更为经济、便捷的方式。
>
> （3）企业内部自动化的培训范围与程度
>
> 对于企业自动化小组的培训，伴随培训人数范围和培训程度的扩大，相应地会有费用支出的增加，但是从长期角度看，尽早使内部员工获得自动化技能和建立 RPA 卓越中心，能显著提高企业的自动化程度，提高企业的效率，降低其他成本。

2.4 如何选择适合业务所需的自动化方案

每一家企业，都理应拥有能匹配其业务发展势能、业务规模的自动化方案。选择 RPA 平台为企业搭建高效、安全、稳定的自动化轨道，我们建议从以下 6 个角度入手，来思考和判断何为适合企业业务所需的 RPA 平台。

1. 强大开放

平台的强大体现于能够支持丰富业务场景下的机器人开发，同时，只有强大的 RPA 平台能力，才具备真正的开放性，吸引广泛的开发者使用、反馈，帮助平台快速迭代，保持领先水平。

> **补充阅读**
>
> UiBot 平台为开发者提供包含 AI 能力在内的 300 多个命令集和功能组件，全面覆盖了日常办公场景的开发需求，强大的 RPA 开发社区，有能力持续产出服务于个性化、多样化办公场景的机器人，满足日益增长的自动化需求。

2. 易学易用

RPA 机器人需要赢得一线使用者的认可，被持续使用，才能使企业获得物有所值的自动化升级；RPA 机器人还需要能够快速被开发、被感知、被应用，才能满足企业飞速发展的业务需求。

> **补充阅读**
>
> UiBot 拥有自主研发 BotScript 机器人脚本，提供非常易用的可视化编程，即使不懂计算机编程语言，也能通过 UiBot 学会并开发出简单的 RPA 机器人。

3. 可扩展、易维护

伴随企业业务发展和外部环境的变化，自动化场景也会随时发生变化，只有可扩展、易维护的机器人，才能持续稳定运行，以免出现判断错误，对企业造成损失。

── 补充阅读 ──
UiBot 提供 Python、C／C++、Lua、.Net 等多种语言扩展接口，对于简单的场景变化，使用者只需调整参数，即可完成修改，即刻使用。

4. 跨软件跨系统

办公场景往往涉及跨系统、设备、软件运行，RPA 平台充当这些系统、设备、软件之间的联结体。

── 补充阅读 ──
UiBot 支持多种平台，以及不同办公软件，并且针对中国用户常用的软件开发了相关组件，全面满足流程自动化中的跨平台需求。

5. 安全稳定

RPA 是新一代的企业级软件，引入数字劳动力，避免人工出错，一方面是更安全的运营理念；另一方面，也要对机器人的安全稳定进行考验——如果机器人出现数据外泄，或者在操作核心流程时做出错误判断，会给企业带来致命影响。

── 补充阅读 ──
UiBot 安全管理硬件——UB 盒子，可存储密码信息，由使用者掌握，实现数字与物理双重加密。使用时只需插入电脑 USB 端口即可。

6. 快速响应、快速反馈

全方位与客户联结的响应体系，无时差的维护机制，保证客户的问题可以第一时间得到分析、解答。

— 补充阅读 —

RPA 平台与独立 RPA 项目的对比

考虑将 RPA 技术应用到业务中，是选择 RPA 平台的方式，还是选择独立 RPA 项目的方式？两者有何不同？

对比项目	RPA 平台（以 UiBot 为例）	独立 RPA 项目
扩展功能	扩展功能丰富。因为平台本身已经内置各种常用功能，并支持多语言扩展，覆盖多种操作系统，可快速使用	扩展功能丰富。但是全部需要由开发人员针对性开发，通常实施周期较长
易用性	提供可视化编程，即使不懂计算机编程语言，也能简单开发 RPA 机器人，根据业务需求完整调试升级	开发者需要具备软件开发背景，掌握计算机编程语言。机器人的实际使用者，难以根据场景变化即时自行修改
AI 能力	平台已集成 OCR、NLP、CV 等技术，并开发成相应的组件。不依赖单独的 AI 技术提供商，无须联网，节省时间和成本	需要单独集成 AI 能力，多数需要在联网环境下才能正常运行
扩展性	提供 Python、C/C++、Lua、.Net 等多种语言扩展接口，方便 IT 人员进行模块化开发	在企业业务环境产生变化时，需要根据新的需求重新编写程序，费时费力
安全稳定	作为企业服务软件平台，建立在严格的安全理念和安全机制之上，经受广泛开发者和用户的长期验证	取决于开发人员的安全意识，通常是不可控的
维护成本	作为平台级软件，只需要维护平台上开发出来的流程即可	任何问题均需要实施方应答与解决
售后服务	产品在使用中遇到的问题，联络 RPA 平台和生态合作伙伴，多数可在 24 小时内解决	取决于项目签订中的售后服务协议
项目费用	少量的人力成本加定量的软件成本	较高的人力成本，需要较多的开发成本和持续的维护成本

2.5 RPA 平台的安全机制和能力

在 RPA 技术的实际应用中，RPA 机器人可以访问与公司员工、客户和供应商相关的各种信息，如果没有严格的安全机制和自主可控的管理方式，就容易产生安全隐患。因此，企业应该从以下多角度审视 RPA 平台的安全能力，进行选择：

（1）工作日志和审批机制：RPA 平台应该提供机器人工作日志，使 RPA 机器人的所有工作流程可追踪，同时任何修改都需要经过审核。

（2）完善的密码管理体系：RPA 机器人执行某些流程过程中，会涉及密码等敏感信息的自动化输入。为了避免敏感信息的泄露，以使用 UiBot 为例，企业可以选择两种方法解决此问题：采用专用的硬件"UiBot 密码盒"保存密码；采用管理中心集中保存密码。

（3）多账号权限系统：RPA 平台要能够针对企业内外不同使用者、访问者的业务需要，建立对应的权限管理提醒。不同级别、职能范围的账号，在不同权限范围内活动。

（4）平台具备相应的安全资质与认证：RPA 软件本身的开发、使用，需要建立在遵守法律法规的基础上，开发企业应该具备相关信息安全管理体系的认证。

第 3 章
RPA+AI 的应用介绍

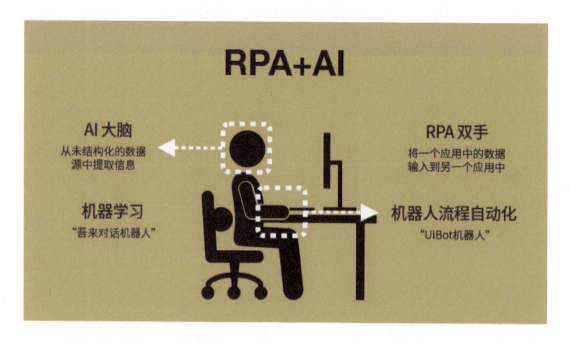

对 RPA 机器人来说，如果说 AI 是它的大脑，认知能力是它的眼睛、嘴、耳朵，RPA 是它的双手，那结合了 AI 能力，RPA 从只能帮助基于规则的、机械性、重复性的任务实现自动化，拓展到了更丰富的业务场景，将物理世界与数字世界有效连接，满足实际业务中更灵活、多元化的自动化需求。而企业采用具备丰富 AI 能力的 RPA 平台，可以快速、经济、灵活地将 AI 技术应用到业务中。

3.1 RPA 平台与 AI 技术

AI 技术结合和应用介绍

AI 技术	结合简介	应用示例
语音识别	语音识别技术（ASR）是 RPA 机器人的耳朵，其目标是将人的语音中的词汇内容转换为计算机可读的输入，帮助 RPA 机器人识别、接收人的语音指令，甚至从人的语音当中识别出数字信息并进行处理	呼叫中心业务自动化，语音输入功能等
自然语言处理	自然语言处理（NLP），研究能实现人与计算机之间用自然语言进行有效通信的各种理论和方法。NLP 旨在让计算机理解、解释和模仿人类语言	对话机器人；邮件自动处理；文档识别等功能
计算机视觉	计算机视觉（CV）是一种允许自动化软件识别并与来自图像或多维源的信息交互的技术，这些信息可用于人工智能、机器学习和模式识别。光学字符识别技术（OCR）是 RPA 机器人的眼睛，是指电子设备（扫描仪、数码相机等）将手写或印刷的字符转换为计算机可识别的数字字符代码技术。它可将纸质材料转化为数字化的电子信息	从纸质文件到电子档案的建立，包括合同信息提取、发票识别、名片管理、对手写的问卷调查的统计等工具

据 Zinnov 的报告 *Zinnov Zones 2019 for RPA Services* 显示，2019 年全球企业在 RPA 上花费超过 23 亿美元，并且全球超过 38% 的企业准备或者尝试使用 RPA 机器人。在该报告的受访企业中，过去 12 个月约有 40% 的签约业务由利用了 AI 和 ML 技术的认知自动化构成。

传统的 RPA 实现的是基于固定规则的流程自动化。在企业实际业务场景中，还有大量不是基于固定规则的业务流程，其中需要人的认知和判断。在这些场景下，我们可以使用 AI 技术，实现认知的自动化。因此，RPA+AI 将流程自动化与认知自动化结合起来，让企业中更多复杂的、高价值的业务场景实现自动化。以下是 RPA 与 AI 相关技术，以及对应的示例。

1. RPA+ 流程发现机器人，实现自动的流程发现

传统的 RPA 项目实施，通常由 RPA 咨询顾问与企业内部业务人员共同梳理业务流程，提炼出可被自动化的流程。这个过程，不仅要耗费大量的时间和人力，而且也无法覆盖企业中所有的业务场景。通过使用流程挖掘技术，我们能够以更低的成本和更高的效率发现业务中适合自动化的工作流程。基于流程挖掘技术的程序运行在业务人员计算机上，收集并分析业务人员对各种软件的操作行为，识别出哪些工作流程适用于 RPA，生成相应的自动化流程脚本，从而实现自动化的流程发现。

在欧美，流程挖掘技术已经应用于电信、金融、保险等各种行业，可以自动识别出多个 RPA 适用场景，例如：电信业的客户信息更改、新客户的合同签订、提醒客户产品及功能更新等；金融业的信用卡订单处理、法规资讯收集、在 ERP 系统中填写付款记录等；保险业的验证和处理索赔、计算保费折扣、索取客户文件等。

以总部位于美国的某大型酒店集团为例，该集团将流程挖掘技术应用于新员工入职培训。伴随该酒店业务的快速扩张，每完成一次收购，就需要尽快对新增的员工进行入职培训，预计耗时数月，需雇佣临时培训员上百名。通过在培训人员计算机上安装集成了流程挖掘能力软件，机器人开始观察和分析培训人员在计算机上的操作流程，识别出新员工入职场景中 20 多个可应用 RPA 的流程。酒店在这些流程中应用 RPA 后，快速提高了新员工入职培训的效率，同时节省了部分雇佣临时培训员的费用。

2. RPA + 智能对话，实现更高效的人机协同

对话机器人的五个等级

级别	Level 1	Level 2	Level 3	Level 4	Level 5
级别目标	单向推送	单轮问答	多轮对话	个性化对话	多机器人协作
级别描述	机器人可向用户推送消息，但没有对话能力	机器人能回答用户的常见问题，但没有上下文理解能力，无法主动与用户交互	机器人能理解上下文，和用户进行多轮对话，帮用户完成任务	机器人能基于用户标签，为用户提供个性化的对话体验	多机器人相互协作，满足更复杂的用户需求

（图片来源：来也科技官方公众号）

智能对话涵盖语音识别、语义理解、语音合成等技术，实现人与计算机之间的自然语言交互。将智能对话技术和 RPA 结合起来，能够实现更高效的人机协同，主要体现在以下两方面：

首先，在一些涉及人与人沟通的业务流程中，我们可以使用智能对话技术实现全业务流程的自动化。例如，在呼叫中心场景中，接线员需要一方面和客户进行语言上的沟通，另一方面在计算机面前进行相应的操作，满足客户的需求。在类似这样的场景中，我们可以使用智能对话技术让机器人和客户对话，理解客户的需求，并转化为可被 RPA 机器人执行的指令，最后由 RPA 机器人完成任务的执行，从而实现整个客户服务流程的自动化，大大释放客服人员的效率与能力。

其次，在 RPA 流程执行的过程中，有些情况需要用户提供信息，RPA 机器人根据用户的输入再自动将流程执行下去。在这种情况下，我们可以使用

智能对话技术让计算机和用户进行交互，从而提升 RPA 机器人的用户体验。如果智能对话支持语音交互，用户甚至可以不用对鼠标或键盘进行任何操作，通过说话即可控制 RPA 流程。

3. RPA+ 文档理解，实现基于非结构化数据的流程自动化

企业业务中存在大量非结构化的数据，其中以文档类型的数据居多。各种文档中包含了大量的信息，但这些信息因为没有被结构化，无法直接被计算机处理，导致很多涉及文档的 RPA 流程无法落地。文档理解基于光学符号识别（OCR）、自然语言处理（NLP）等技术，实现对文档内容的识别、分类和理解，将非结构化的文档数据转化为可被计算机处理的结构化信息。

文档理解和 RPA 结合的一个典型应用场景就是文档信息的自动录入，例如合同的自动录入——企业在经营过程中会签署大量不同类型的合同，这些合同都需要录入系统。在传统场景下，需要人工将合同进行扫描转化为电子版，同时将合同中的相关信息录入到系统中。由于合同的种类繁多，不同种类的合同需要录入到系统中的信息都不一样，这极大地增加了人工的工作量。基于文档理解技术，我们可以对文档先进行识别，将图片转化为文本。然后，对文档进行分类，确定属于哪一类合同。最后，根据合同的种类，使用自然语言处理技术从中提取相应的信息，交由 RPA 机器人自动录入到系统中。

第4章
代表性企业案例

案例一
某电网公司将 RPA 技术应用于业扩工单管理，实现工作效率和客户服务质量的全面提升

【项目概要】目前，中国的电力行业已开始将 RPA 推广到各种业务场景，实现客户服务质量的提升。该电网市级公司的管理者了解到某公司通过 UiBot 的 RPA 机器人解决了电力设备的日常监控难题。在对市场上 RPA 平台的对比和评估后，其企业决定引进 UiBot 来提升业扩工单管理的效率。项目实施后，业扩工单管理不再需要员工值守，工作效率和服务质量全面提升，通知准确率达 100%，荣获电网科研创新比赛奖项。

1. 项目背景

某市级电网公司担负着所在市行政区域内的主电网规划建设和电力供应任务，共有员工 1000 人左右，拥有以 500 千伏为支撑，220 千伏双环为主网，110 千伏辐射各县（市）区的超高压、大容量的现代化电网。庞大的电网系统和客户规模，也带来了种类繁多且数量巨大的业务扩充工单(简称业扩工单)*。

2. 业务挑战

国家有关部门对电网公司受理工单时限做出了严格的规定——2009 年国家电力监管委员会发布的《供电监管办法》中要求"供电企业向用户提供供电方案的期限，自受理用户用电申请之日起，居民用户不超过 3 个工作日，其他低压供电用户不超过 8 个工作日，高压单电源供电用户不超过 20 个工作日，高压双电源供电用户不超过 45 个工作日。"

该公司对于业扩工单的管理一直采用人工手段，工作的具体流程如下。

1）人工登录营销系统查询投诉、举报、建议、意见等4个类型的业务工单；

2）对比各工单所涉及环节的处理时间；

3）计算并筛选出即将到期（在处理期限的前半个工作日）的工单；

4）通过OA系统发送消息给相关工作人员，推进即将到期的工单办理；

5）每周将以上工单情况统计成报表。

人工管理的方法费时费力，且容易延误、出错。公司每周要处理的业扩工单类型多达几十种，数量在230例左右，员工每天需要在业务系统和OA系统之间频繁切换来查看、统计和通知。

该企业的管理者了解到其他地区的电网公司已开始在业务场景应用和推广RPA技术，其中某同行业公司借助来也科技的RPA平台UiBot，成功解决了电力设备的日常监控难题。经过对市场上RPA产品的对比和评估，该企业管理者充分认可UiBot易学易用和快速部署的特点，希望应用其提升业扩工单管理的效率和准确度，为客户提供更高质量的服务。

3. 解决方案

通过RPA机器人实现企业两大系统间数据的打通；

仅10个工作日内，实现需求场景的自动化升级。

在该项目中，企业首先希望能够快速部署和落地，尽快帮助员工提升工单管理的效率。同时，因为业扩工单管理涉及营销系统和OA系统，所以需要通过RPA机器人打通两个系统间的数据，将工单需求和负责该工单处理的工作人员连接起来。RPA机器人作为非侵入式的手段，不仅能够满足快速落地的需求，且具备明显的成本优势。

从需求梳理、方案设计到落地实施，来也科技仅用10个工作日的时间就实现了业扩工单场景的自动化升级，同时还为相关业务人员提供了简单的RPA产品培训。

实现自动化后的业扩工单管理工作

UiBot 机器人工作流程图

部署完成后，工作全流程都通过 RPA 机器人完成，首先由 RPA 机器人自动登录企业的营销系统，每隔 1 分钟自动查询各类工单，并计算待办时间，筛选出符合条件的工单，再登录 OA 系统通知工作人员处理工单，最后将每周处理的工单情况生成周报表。

4. 应用效果

> 效率全面提升，实现通知准确率 100%；
> 项目荣获电网科研创新比赛奖项。

应用 UiBot 的 RPA 机器人，极大减轻了一线人员的工作压力，不再需要人工值守，且机器人保持了 1 分钟查询一次的频率，确保没有任何工单被遗漏，准确率达 100%。该项目也帮助该分公司在"电网科研创新比赛"中荣获奖项。

RPA 技术带来的即时可见的效率提升，以及客户服务质量的改善，坚定了管理层在其他业务场景中推行 RPA 的信心，企业决策层决定将财务场景作为下一阶段 RPA 推广的重点方向。

* **业扩工单管理**：指为客户办理新装、增容、变更等用电相关业务手续，制定和答复供电方案，对客户受电工程进行设计审核、中间检查和竣工检验，以及签订供用电合同、装表接电并建立客户档案的管理过程。

案例二
某地方检察院使用 RPA 和 AI 相关技术，实现文书开具和案卡录入的自动化

【项目概要】"以前人工开具一个案件的法律文书得坐在电脑前一个多小时，一步不能离，还要时刻睁大眼睛，生怕填录错误"，该检察院负责文书开具的工作人员回忆，"现在我们开具文书流程实现了自动化，省时省力，真的变轻松了。"得益于 UiBot RPA 所具备的 OCR 和 CV 等能力，即便在离线状态下，RPA 机器人也能够对纸质文档内的信息进行提取和整理，完成案卡录入工作，节省了 80% 的工作时间，正确率达 100%；获得全国信息化系统评比金奖。

1. 项目背景

随着司法责任制改革的深入推进和案件信息公开的发展，纸质卷宗跟随案件在公检法系统流转的同时，带来了大量的扫描和录入工作。

在检察机关的统一业务应用系统中，"案件"构成的基本单元即为案卡。在收到公安部门的纸质案件卷宗时，检察院工作人员需要将卷宗扫描存档，然后手动将卷宗内的基本案情和嫌疑人信息等内容录入案卡，而案卡是后续案件办理过程中开具各类文书的依据。

该检察院每日接收公安部门案件卷宗约六七例，每例 300 页左右，工作人员先扫描卷宗，然后按照指定的格式进行编目与归类，再录入案卡。在案卡建立和填写过程中，工作人员注意力必须高度集中，避免信息录入错误影响到案件相关人的权益，进而影响司法公正。同时，同一案件关联多个嫌疑人，各区院文书内容又各不相同，因此工作人员需要根据不同要求开具不同类型的文书。案卡录入和文书开具工作量大，有时甚至花费一天的时间人工都无

法完成。

针对这一痛点，工作人员也一直在寻找解决方案。该检察院的某位检察官曾是"按键精灵"的老用户，按键精灵是一款模拟鼠标键盘动作的软件——通过制作脚本，可以让"按键精灵"代替双手，自动执行一系列鼠标键盘操作。在了解到原"按键精灵"团队成员开发了 RPA 平台 UiBot，可以为企业解决基于一定规则、重复烦琐的工作内容时，该检察院找到来也科技，希望能在案卡录入和文书开具场景中使用 UiBot。

2. RPA+AI 应用

> **RPA 机器人与 OCR、CV 技术结合，**
> **节省了企业使用 AI 技术供应商的成本**

实现案卡录入自动化的关键在于，能够识别扫描文档里的非结构化数据，并对其进行分类整理。以上通常依赖 OCR 和 CV 技术来实现，但是市场上的 OCR 多数作为在线服务提供，必须在连网环境中进行，而检察院的系统需要保持在离线状态；同时 OCR 技术供应商开具的费用较高，且很难为单个 RPA 厂商提供定制服务。UiBot RPA 平台自身集成了 OCR 和 CV 等 AI 相关技术，因此成为离线环境下最便捷稳定的应用手段。

3. 解决方案

> **2 个月内，完成了多种卷宗识别录入和 32 种文书开具**

经过自动化需求调研和对业务场景的流程梳理，来也科技团队首先基于案卡录入和文书开具两个场景，为该检察院开发出了 RPA 机器人，并由 UiBot 的 RPA 生态合作伙伴——具有丰富的软件自动化服务经验的福州利倍得网络技术有限公司，提供现场实施服务。

实现自动化后,案卡录入由信息员先对收到的公安卷宗进行扫描,通过 UiBot 平台所集成的 OCR 与 CV 相关技术,对扫描的内容进行识别,并根据分类要求进行规整编目。编目完成之后,RPA 机器人打开业务系统,将编目好的内容录入案卡。

实现自动化后案卡录入工作

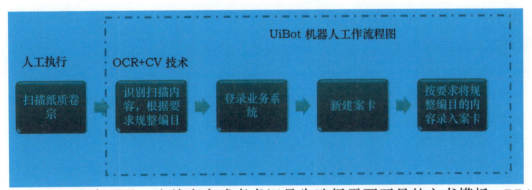

对于文书开具,由检察官或者书记员先选择需要开具的文书模板,RPA 机器人自动登录到检察机关的统一业务应用系统中,提取案件相关信息并选择涉案人员填入文书模板,最后自动生成案件与人员对应的文书,达到一键开具的效果。

实现自动化后的文书开具工作

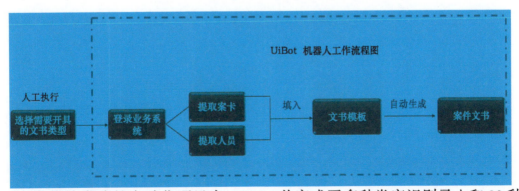

在该检察院的自动化项目中,UiBot 共完成了多种卷宗识别录入和 32 种文书开具,交付周期在 2 个月左右。

4. 应用效果

> 节省 80% 的工作时间，正确率达 100%；
> 获得全国信息化系统评比金奖。

UiBot 帮助案卡录入的信息员节省了 80% 的工作时间；一个案件（平均 5 个嫌疑人）的文书开具时间由 2 小时缩短至 5 分钟，正确率达 100%。RPA 让工作人员从重复烦琐的案卡建立和文书开具工作中解放出来，将时间利用到更需要专业法律技能的工作中，有效促进了办案质量和效率的提升。该项目获得了全国信息化系统评比金奖和省级的信息化项目一等奖。

见证了 RPA 的使用效果，该检察院的领导层决定在系统内推动实现更大范围的业务自动化。

案例三
某物流企业通过 RPA 技术，实现财务领域岗位变革

【项目概要】RPA 在供应链领域的运用取得了可观的成果，据全球技术研究公司信息服务集团（ISG）2017 年的一项研究表明，自动化技术可使订单到现金流程所需资源减少 43%，开具发票所需资源减少 34%，供应商和人才管理所需资源减少 32%。该物流企业希望在销售管理、对账、人力资源、客服等场景陆续推行自动化。项目实施后，原本的发票维护工作由 RPA 机器人有效完成，实现录入正确率 100%，财务人员可以充分将精力投入到专业性更强的工作中，获得更高的发展空间。

1. 项目背景

该企业是一家供应链物流管理平台服务企业，业务涉及制造业上游的原材料到成品，以及下游从成品到终端消费者的全程端到端供应链整合。

对市场上的 RPA 产品进行了解之后，企业管理层决定选择一家更了解和适合中国企业的产品，因此与来也科技接触并选择了 UiBot——首先，UiBot 结合了 AI 技术，可以应对更多场景的自动化需求；另一方面，UiBot 有高质量的售后服务，能够快速反馈和解决使用中的问题。该企业管理者希望先选定一个财务场景作为 UiBot 试点，让各部门员工能建立起对 UiBot 的认知，培养自动化思维，再逐步向更多业务场景推行。

2. 业务挑战

经过需求梳理，企业决定首先在发票维护场景应用 RPA。之前，企业每日业务产生的大量发票一直由人工进行维护，工作量大、效率低且极易出错。同时，发票维护岗位流动性也很大——一方面，该岗位涉及大量重复烦琐的

工作内容，员工很容易感觉乏味；另一方面，员工在发票维护工作中无须学习财务技能，个人成长的空间很小。虽然发票维护不涉及财务专业知识，新员工培训两天即可上岗，但员工频繁离职，公司也需要投入时间和精力去招聘和培训人才。

该企业使用的 ERP 管理系统已有 20 多年历史，系统老旧、小众。因为 UiBot 对不同系统和软件的 UI 具备广泛的兼容性，保证了 RPA 机器人可以正确在该系统录入发票信息。

3. 解决方案

UiBot 对不同系统和软件广泛兼容，在老旧系统依然能够正常工作。

项目前期，UiBot 的售前咨询顾问、产品研发人员与该企业的财务人员共同对发票维护场景进行了流程梳理。由 UiBot 团队设计了该场景的自动化方案，UiBot 的 RPA 生态合作伙伴——惠通合力有限公司，负责 POC 验证和后续实施。

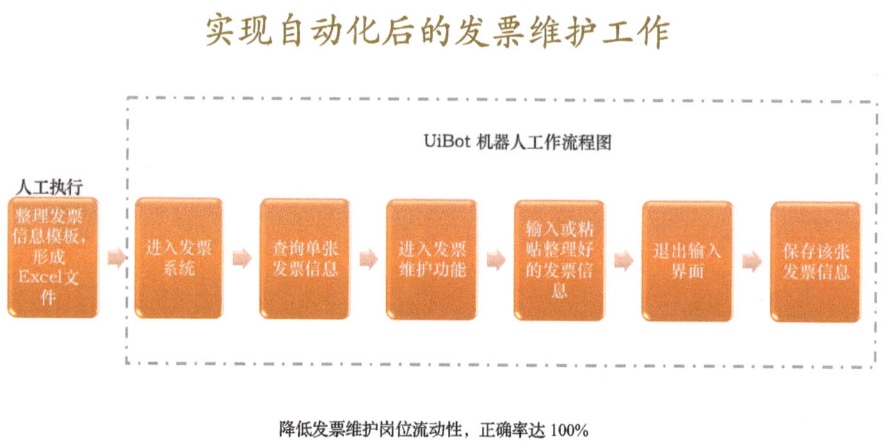

实现自动化后的发票维护工作

UiBot 机器人工作流程图

人工执行：整理发票信息模板，形成 Excel 文件 → 进入发票系统 → 查询单张发票信息 → 进入发票维护功能 → 输入或粘贴整理好的发票信息 → 退出输入界面 → 保存该张发票信息

降低发票维护岗位流动性，正确率达 100%

在 RPA 机器人部署完成后，由 UiBot 的产品总监和售前人员提供培训，该企业的 6 位 IT 工程师接受了 RPA 初级培训并获得了对应的 RPA 专业认证。

4. 应用成果

> **无须再设置发票维护岗位，实现录入正确率 100%。**

应用了 UiBot 的 RPA，极大提升了财务部门的发票维护效率，且正确率达 100%。企业无须再单独设置发票维护岗位，而原来发票维护岗位的人员也可以学习更多财务技能，去胜任成长空间更高的职位。

该企业对 UiBot 的使用效果非常认可，计划陆续在财务、人力、客服等场景部署约 50 个机器人，将员工从重复烦琐的工作中解放，专注于更需要创造力的工作内容。

案例四
某全国连锁药店通过 RPA 技术，实现 3500 家门店每日数据汇总自动化

【项目概要】该连锁药店集团一直很重视企业的数字化转型发展，目前已经使用国际先进的信息管理系统、物流管理系统、仓库控制系统对业务、财务、人力资源进行管理，并建成了大型现代医药物流中心。同所有连锁零售企业一样，伴随经营区域和门店数量的发展，企业承受着运营成本、劳动力资源、业务增速等方面的压力，尤其表现在财务工作中。应用 RPA 后，原本每家门店耗时 30 分钟的财务工作缩短到 10 分钟，总误差控制在了 10 元以内。

1. 项目背景

该连锁药店创立于 2001 年，是全国大型药品零售连锁企业。目前，该公司在湖南、湖北、上海、江苏、江西、浙江、广东、河北、北京等九省市拥有连锁药店 4 127 家，在职员工 20 000 多人。该企业曾在 2017 年和 2018 年连续入围中国上市公司价值百强榜。

同所有连锁零售企业一样，伴随经营区域和门店数量的发展，企业承受着运营成本、劳动力资源、业务增速等方面的压力。其中，以每日各门店的财务数据汇总工作为代表——该项工作每天需要各门店共 200 多个财务人员参与，平均每个门店花费约 30 分钟完成，但并不涉及任何财务技能的运用，只是将每个门店的各类交易客户端的数据导出、整理、汇总即可。

2. 业务挑战

在该工作场景中，工作人员每天要在统一的时间点完成 4 000 多家连锁

药店与直营药店的财务数据汇总，但以下问题加重了工作的烦琐程度，占用了大量时间：

（1）每个门店都涉及医保、银联、第三方支付等多种交易方式的数据采集；

（2）各门店所用的医保系统的品牌及版本都没有统一，导出的数据还需要进行统一的格式处理；

（3）部分门店会涉及多个医保结算中心的数据采集；

（4）部分门店未接入公司总店的财务网络，需要该门店的财务人员采集数据后，再汇总给总店的财务人员。

有限的时间，巨大的数据量，多位参与人员，因此极易出错。当数据出现错误时，又需要花费大量的时间和人力进行排查纠错。针对这些痛点，迫切需要自动化手段来优化业务流程，减轻财务人员的压力。经过对比市场上各类RPA厂商，考虑到产品的简单易用和强大的售后能力，该企业最终选择了来也科技的RPA平台——UiBot。

3. 解决方案

> 2天时间完成了POC验证，
> 50个工作日内在3500家门店完成机器人部署，
> 成功实现跨系统、跨版本的医保客户端数据采集

因为药房门店涉及了十几个不同品牌不同版本的医保客户端，所以要求RPA机器人必须能识别各类医保系统的UI界面才能准确地采集。同时，150家连锁门店网络和总部不通的问题也必须解决。

经过双方共同对需求场景的梳理，来也科技的开发团队用2天时间完成了POC验证，并在50个工作日内在3 500家门店部署了UiBot平台的RPA机

器人，3个月完成交付，成功实现了跨系统、跨版本的医保客户端数据采集，同时，解决了部分门店的网络连通问题。

实现自动化后的财务数据汇总工作

RPA 机器人每日在规定的时间点登录各门店的交易系统采集数据，再将采集的数据导入财务系统，完成集团与门店的日总账同步和对比。

项目成功上线后，来也科技为该企业的客户运维、研发人员提供了 2 天的 RPA 培训，目前他们已能够在 UiBot 平台上自行开发和设计机器人，并计划在未来参加 UiBot 的 RPA 认证考试。

4. 应用成果

> 30 分钟的财务工作缩短到 10 分钟，
> 总误差控制在 10 元以内

UiBot 的 RPA 机器人极大地减轻了财务人员的工作压力，将每天各门店平均 30 分钟的数据汇总时间缩短到 10 分钟，总误差控制在 10 元以内。

企业决策者计划在人力、运维和更多财务场景推广应用 UiBot，同时对来也科技的另一款产品——智能对话机器人平台"吾来"也表示了极大兴趣，希望能在企业对内和对外的场景中逐步部署智能客服机器人。

第 5 章
展望：走进智能时代的中国企业

作为一个劳动力资源丰富、且受教育程度较高的国家，RPA 在中国的推广具有独特的价值和意义。将中国的劳动力人口优势转换为创造力和发展动力，是每一家中国 RPA 企业的使命。RPA 技术对中国企业所带来的价值，也将分阶段形成，目前已逐步展现出影响力。

价值阶段 1.0　降低成本、提高效率

应用 RPA 技术，企业可以快速看到的直接收益有降低成本、提高效率。这一阶段，RPA 是作为数字化转型的工具出现，主要服务于大中型企业，帮助其初步实现数字化转型的目标：

- 新的工作效率：通过引入数字劳动力，降低人力成本，同时将人力从传统的烦琐工作中解放出来，释放人才创造力和专业价值；
- 新的运营效率：通过数据打通，实现更合理的企业资源配置、更快的决策与响应能力。

价值阶段 2.0　企业发展效率全面提升

企业应用 RPA 技术的过程，也是逐步形成自动化思维的过程，由此所形成的规模化的自动化势能，将打通各行业、各平台、各领域的不同业务场景。RPA 技术也不再仅为大中型企业所使用，它将影响到不同行业、不同规模、不同类型的企业，通过工作效率和运营效率的提升，带来中国企业全面发展效率的提升。

价值阶段 3.0　塑造全新的价值和商业模式

在中国经济所经历的"从高速增长阶段到高质量发展阶段"转型大背景

下，代表了高质量发展的新型经济，必然由新兴行业和传统行业的新业务组成，新兴行业和新业务的实现，依赖于新的劳动力方案所塑造的全新价值。

当企业获得了自动化能力、形成内部的数字化环境之后，将有可能实现基于新型的劳动力方案和数据价值所发展的新业务——数字劳动力不再是单纯作为传统人类劳动力的补充，也不只是效率提升的手段，将有可能作为与人类完全不同的一种劳动力形式输出为新的业务，形成新的商业模式。

RPA从被开发到投入使用，始终由人的需求和意志主导，用于协助人的工作。它不仅是提升效率的工具，也是发挥人性价值与创造力的工具，最终RPA将帮助每一家中国企业书写属于自己的创新篇章。

机器人流程自动化（RPA）
UiBot 开发者认证教程（下册）

褚瑞　袁志坚　著

电子工业出版社
Publishing House of Electronics Industry
北京·BEIJING

内容提要

本书是 UiBot 开发者认证教程,分为上、下两册,上册为应用指南篇,下册为开发者指南篇。

应用指南篇(上册)介绍 RPA 的基本概念、RPA 平台、RPA+AI 应用、RPA 典型行业案例、RPA 行业未来展望等内容。通过大量真实案例的讲解,可以帮助政府组织和企业将 RPA 应用到具体业务场景中,实现降本增效、高质量运营,进而充分释放人才创造力,提升业务效率与资源配置效率,最终实现企业高质量发展。

开发者指南篇(下册)是 UiBot Creator 的开发者指南,又分为初级篇和进阶篇两部分。初级篇讲解流程开发的基础知识,包括 RPA 和 UiBot 介绍、UiBot 基本概念、有目标命令、无目标命令、软件自动化、逻辑控制语句、UiBot Worker 等内容。通过初级篇的学习,读者可以掌握 UiBot 基础概念和基本操作,能够编写简易流程。

进阶篇讲解使用 UiBot Creator 进行流程开发的进阶知识,包括 UB 语言参考、编写源代码、数据获取和数据处理方法、网络操作、系统操作、AI 功能、高级功能、扩展命令、UiBot Commander 等内容。通过进阶篇的学习,读者可以掌握 UiBot 最强大的组件功能和最实用的流程开发技巧,能够编写复杂的业务流程。最后附赠了两套 UiBot 认证试题(初级试题和中级试题),读者可以到 UiBot 官网免费参加 UiBot 开发者认证,检验一下学习成果。

本书既可以作为初次接触 RPA 的入门读物,为政府公务人员、企业组织决策者、资深 CIO 等提供 RPA 应用参考,也可以作为本科、中高职院校等在校学生及 RPA 从业者参加 UiBot 认证工程师资格考试的教材,对愿意从事 RPA 行业的其他领域工程师,也极具参考价值。

未经许可,不得以任何方式复制或抄袭本书之部分或全部内容。
版权所有,侵权必究。

图书在版编目(CIP)数据

机器人流程自动化(RPA)UiBot 开发者认证教程. 下册 / 褚瑞,袁志坚著. — 北京:电子工业出版社,2020.5

ISBN 978-7-121-38653-4

Ⅰ.①机… Ⅱ.①褚…②袁… Ⅲ.①机器人-程序设计-教材 Ⅳ.①TP242

中国版本图书馆CIP数据核字(2020)第037248号

责任编辑:田 蕾
印　　刷:北京虎彩文化传播有限公司
装　　订:北京虎彩文化传播有限公司
出版发行:电子工业出版社
　　　　　北京市海淀区万寿路173信箱　　邮编:100036
开　　本:787×1092　1/16　印张:15.5　字数:421.6千字
版　　次:2020年5月第1版
印　　次:2023年6月第6次印刷
定　　价:89.00元(全2册)

凡所购买电子工业出版社图书有缺损问题,请向购买书店调换。若书店售缺,请与本社发行部联系,联系及邮购电话:(010)88254888,88258888。
质量投诉请发邮件至 zlts@phei.com.cn,盗版侵权举报请发邮件至 dbqq@phei.com.cn。
本书咨询联系方式:(010)88254161~88254167转1897。

前言 Preface

UiBot 是来也科技出品的 RPA（机器人流程自动化）平台和工具，是一款针对公司和个人提供工作流程自动化解决方案的新兴软件。UiBot 由开发工具 UiBot Creator、运行工具 UiBot Worker 和控制中心 UiBot Commander 三部分组成。

本书是 UiBot 的开发者指南，详细介绍如何使用 UiBot Creator 创建流程，以及流程开发中的一些实用技巧，UiBot Worker 和 UiBot Commander 的使用方法各使用一章进行简单介绍。本书分为初级篇和进阶篇，通过两篇内容的学习，读者可以分别达到如下能力：

初级篇能力：
- 了解基本的 RPA 概念
- 了解基本的自动化操作流程
- 掌握 RPA 开发工具常见的使用方法
- 掌握鼠标键盘操作
- 掌握常见办公软件
- 掌握浏览器操作自动化

进阶篇能力：
- 掌握 UiBot 的源代码编写
- 熟练使用 UB 开发语言
- 掌握数据抓取、数据分析方法
- 掌握系统操作自动化

- 掌握网络操作自动化
- 学会使用和编写插件扩展 RPA 平台功能
- 高级开发和调试功能

在阅读本书的同时，建议您到 UiBot 的官方网站 <http://www.uibot.com.cn> 下载并安装一份 UiBot Creator 的社区版，社区版是永久免费的，只需要您在线登录一下，或者离线激活一下，即可无限制使用。

如果您之前有一点编程经验，无论什么编程语言，只要知道什么是变量，什么是条件判断，那么阅读本书都会更加顺畅。如果没有，也没关系，我们在本教程最后的附录中，对 UiBot 涉及的编程基础概念进行了简单的介绍，通俗易懂，请您在阅读后续内容之前，提前学习一下。

准备好了吗？下面将开始我们的 UiBot 之旅，Let's Go!

目 录 Contents

初级篇

第1章 RPA 简介 2
   1.1 RPA 基础知识 2
   1.2 RPA 平台介绍 3
   1.3 UiBot 发展历程 5
   1.4 后续内容 6

第2章 基本概念 8
   2.1 概念 8
   2.2 流程图 8
   2.3 可视化视图 10
   2.4 源代码视图 12
   2.5 小结 14
   2.6 进阶内容 14

第3章 有目标命令 23
   3.1 界面元素概述 23
   3.2 目标选取 25
   3.3 目标编辑 26
   3.4 界面元素操作 29
   3.5 UI 分析器 32

3.6 安装扩展 36

第 4 章 无目标命令 41
4.1 为什么没有目标 41
4.2 无目标命令 42
4.3 图像命令 43
4.4 实用技巧 47
4.5 智能识别 48

第 5 章 软件自动化 53
5.1 Excel 自动化 53
5.2 Word 自动化 57
5.3 浏览器自动化 61
5.4 数据库自动化 62

第 6 章 逻辑控制 65
6.1 条件分支 65
6.2 循环结构 67
6.3 循环的跳出 69

第 7 章 UiBot Worker 71
7.1 三种工作方式 72
7.2 流程的发布和导入 72
7.3 流程运行和计划任务 73
7.4 流程编组 73
7.5 运行记录 74
7.6 设置和扩展 74
7.7 小结 74

进阶篇

第 8 章 预备知识 76
8.1 数组 76
8.2 字典 77

第 9 章 数据处理 78
9.1 数据获取方法 78
9.2 数据处理方法 87

第 10 章 网络和系统操作 96
10.1 网络操作 96
10.2 系统操作 101
10.3 RDP 锁屏 110

第 11 章 人工智能功能 112
11.1 NLP（自然语言处理）.. 112
11.2 RPA 与 NLP 115
11.3 UiBot 中的 NLP 116
11.4 OCR 118
11.5 百度 OCR 120

第 12 章 UB 语言参考 123
12.1 概述 123
12.2 基本结构 124
12.3 变量、常量和数据类型 125
12.4 运算符和表达式 127
12.5 逻辑语句 128
12.6 函数 132
12.7 其他 133

第 13 章 编写源代码 136
13.1 基本规则 136
13.2 有目标命令 139

第 14 章 高级开发功能 142
14.1 流程调试 142
14.2 单元测试块 145
14.3 时间线 147
14.4 模块化 148
14.5 命令中心 150

第 15 章 扩展 UiBot 命令 155
15.1 用 Python 编写插件 156
15.2 用 Java 编写插件 159
15.3 用 C#.Net 编写插件 163

第 16 章 UiBot Commander 167

16.1 用户和组织 167
16.2 资源管理 168
16.3 执行任务 169
16.4 运行监测 169

附录：编程基础知识

数据 172
数据类型 172
变量 173
表达式 174
条件判断 174
循环 175
初级试题 177
中级试题 183

初级篇

- 第1章 RPA 简介
- 第2章 基本概念
- 第3章 有目标命令
- 第4章 无目标命令
- 第5章 软件自动化
- 第6章 逻辑控制
- 第7章 UiBot Worker

第1章 RPA 简介

欢迎您选择使用 UiBot！

如果您听说过 RPA，或者做过 RPA 方面的项目，那么恭喜您做出了一个明智的选择！因为截至发稿时间为止，在诸多国内 RPA 平台中，UiBot 的设计理念和技术实现都处于遥遥领先的地位，即使与国外产品相比也不遑多让。如果您对 RPA 已经比较熟悉，可以跳过本章，直接开始感受 UiBot 的魅力。

如果您没有听说过 RPA，俗话说：磨刀不误砍柴工，那就先通过本章，了解一下 RPA 吧！

1.1 RPA 基础知识

我们平时在使用计算机软件时，常常遇到大量机械重复而又烦琐的工作，人工操作这些软件，不仅很容易感到疲劳和厌烦，还经常会出错。比如，对于财务工作人员来说，常常需要使用网上银行，给很多客户转账，转一笔账也许并不算麻烦，但如果每天要转成百上千笔账，那就是一件摧残人性的工作了。更可怕的是，有时候头晕眼花，在"金额"一栏中多输入一个零……不必吃惊，这样的事情已经发生过很多次了。

为了应对财务领域这种简单重复的体力劳动，在 2017 年，作为财务方面的绝对权威，国际著名的四大会计师事务所（安永、普华永道、德勤、毕马威）先后把国外已有初步应用的"财务机器人"概念引入中国，试图制造一个"**软件机器人**"，或者叫"**数字化劳动力**"，自动完成这些计算机上的机械重复工作。

后来，大家逐渐发现：其实"软件机器人"在财务之外的领域也大有可为，物流、销售、人力资源等很多工作领域中都存在大量简单重复的体力劳动，而偷懒是人类共同的天性，于是，这些软件机器人很快在国外和国内的诸多领域都得到了大量应用，而且有愈演愈烈之势。当然，此时已不局限于财务领域了，"财务机器人"的说法显得有些不合时宜。于是，从美国开始，大家普遍把制造各种"软件机器人"当成了一个新的行业，称为 Robotic Process Automation，中文翻译为机器人流程自动化，简称 RPA。

实际上，软件的流程自动化并不是一个新概念，比如微软的 Office 办公软件中，早在 20 多年前就自带了"宏"（Macro）的功能，可以自动化操作 Office 来工作。

Office 的"宏"功能

但是，RPA 和早期的软件流程自动化有所不同，RPA 强调对已有系统的"无侵入"，这是什么意思呢？就是说，如果一个软件本身不支持自动化的功能，那么 RPA 就可以大显身手了。RPA 不需要对这个软件进行任何修改，而是通过模拟人的阅读和操作软件的方式，让这个软件实现自动化。不仅如此，如果有两个、三个甚至更多的软件需要一起工作，若采用传统的 Office "宏"的方式，那就必须让这些软件都进行修改，实现一套统一的接口才行，一个不改，流程就不能自动化，这显然有点儿强人所难，毕竟这些软件很可能不是同一个厂商开发的！但是，如果采用 RPA，这些软件**全部**都不需要经过任何修改，RPA 会制造一个"软件机器人"，模拟人的阅读和操作，让"软件机器人"自动完成这个流程，这种"无侵入"的特点是 RPA 的核心魅力之一。

RPA 即将成为一个新的行业，这个说法一点儿也不夸张。在国外，RPA 领域已经出现了好几家市值数十亿美金的"独角兽"企业，专门为其他行业提供 RPA 的产品和服务。国外的产品做得很不错，能够较好地满足 RPA 的需求，但是到了中国，或多或少还是有些"水土不服"，比如对中文的支持，对国内银行网银等软件的支持，都不尽如人意；并且这些公司还缺乏本土化的技术服务，出了问题不能及时得到响应。在这种情况下，选择北京来也网络科技有限公司出品的 UiBot 来做 RPA，就是您最明智的选择了。

1.2 RPA 平台介绍

UiBot 是一种 RPA 平台，那么什么是 RPA 平台呢？且听我慢慢解释。

为了实现 RPA，即机器人操作的流程自动化，打造一个前面所说的"软件机器人"，通常需要如下几个步骤：

1. 梳理和分析现有的工作流程，看看什么地方可以用"软件机器人"来改造，实现自动化；
2. 从技术上实现"软件机器人"，让它能够阅读和操作流程中所涉及的所有软件；
3. 把"软件机器人"部署到实际工作环境中，启动机器人开始工作，监控机器人的运行状况，如果出现问题还要及时处理。

第一步通常由业务专家来做，比如在财务领域，就需要财务专家来进行财务工作流程的梳理和分析；第二步通常由 IT 专家来做，对于这些编程高手来说，用类似 Python 这样强大的编程语言来实现一个模拟人类工作的机器人，并非难事；第三步通常由普通工作人员来做，只要按一个按钮，启动机器人，就可以在旁边喝茶刷手机了，一切都很美好，对不对？

可是事实并非如此。第一步，业务专家梳理和分析流程，没问题。第二步，问题来了，术业有专攻，IT专家常常沉浸在数字化的世界里，对业务一窍不通，根本不理解业务专家梳理的流程是怎么回事儿，无从下手！第三步，问题更大了，普通工作人员又不懂IT，让他们去启动机器人还行，出现问题怎么解决？只能呼叫IT专家紧急支援，如果支援不及时，可能就耽误了工作。

比如，笔者自己是IT技术出身，见了财务领域的"台账""交易性金融资产"这样的名词就头大；反之，笔者耳熟能详的"句柄""线程"等概念，对于大多数财务专家来说，恐怕也是一头雾水，更别提普通工作人员了。

怎么办呢？RPA的理念是：
- 打造RPA平台，把一些常见的RPA功能做成半成品，就像方便面等方便食品一样；
- 让业务专家站在RPA平台这个巨人的肩膀上，自己就能做出机器人，难度就像泡一碗方便面一样；
- 让普通工作人员也能看懂机器人的大致原理，必要的时候还可以修改，难度就像给方便面加一点调料一样，根本不需要求助IT专家；
- 从此，"软件机器人"的生产过程不再需要IT专家参与，世界重归美好！

为了实现上述理念，一般的RPA平台至少会包含以下三个组成部分：
- 开发工具：主要用来制作"软件机器人"，当然也可以运行和调试这些机器人；
- 运行工具：当开发完成后，普通用户使用RPA平台，来运行搭建好的机器人，也可以查阅运行结果；
- 控制中心：当需要在多台电脑上运行"软件机器人"的时候，可以对这些"软件机器人"进行集中控制，比如统一分发、统一设定启动条件等。

啰唆了这么多，终于带出"RPA平台"的概念了。所谓RPA平台，就是把"软件机器人"分解成很多零件，让不懂IT的业务专家能以搭积木的方式，把这些零件在自己的工作台上搭起来，而不需要IT人员的参与，让普通工作人员能看到机器人的基本原理和执行的情况，还能进行简单的维护。

所以，RPA平台的关键指标是：
- 要足够**强大**，零件数量要多，复杂的场景也能应对；
- 要足够**简单**，不需要IT专家的参与，普通人就可以轻松掌握；
- 要足够**快捷**，普通人稍微熟练一些以后，可以用最便捷的方式，快速实现自己的机器人。

为了实现这些指标，各种RPA平台做出了很多努力，但效果仍然达不到预期。主要是因为这些指标往往是相互矛盾的，按下葫芦浮起瓢，想要强大就很难简单，想要简单又很难快捷。比如有的RPA平台直接让大家用Python编程语言来实现RPA，因为Python本身就足够强大，可是术业有专攻，业务专家和普通用户要精通Python，恐怕不那么容易。所以，这样"剑走偏锋"的RPA平台输掉了简单和快捷这两项指标，结果自然是"走火入魔"。

UiBot也是一种RPA平台，为了在RPA平台的这三个关键指标上取得平衡，UiBot做出了大量的努力。有些努力您能够从软件界面中看到，有些努力您可能看不到，比如针对一些关键的设计理念，UiBot 的设计人员曾花费半年的时间深入调研和反复讨论，几易其稿，才终于拿出一个相对完善的方案。所以，我们很自信地说 UiBot 在国内的 RPA 平台中处于遥遥领先的地位，是因为产品经过精心打磨，三个关键指标都达到了比较满意的程度。

当然，仅凭努力还不够。实际上，UiBot 的核心团队从 2001 年开始，就在做流程自动化方面的事情了，到今天为止已经过去了十几年，所以才能积累丰富的经验，在一些关键点的设计和研发上把握得游刃有余。这也是 UiBot 在产品设计和技术实现上足够领先的资本。

1.3 UiBot 发展历程

前面提到，在财务、物流、销售、人力资源等很多领域，都存在大量简单重复的软件操作，甚至到了摧残人性的地步。但实际上，早在 20 世纪末，这种摧残人性的软件已经在游戏领域大量出现了。游戏其实也是一个需要人来完成的流程，但是，很多游戏开发者的设计水平不够，又希望玩家能在游戏中停留尽可能多的时间，所以故意把简单的流程重复无数遍，玩家苦不堪言。

于是，针对游戏领域的"软件机器人"应运而生，其中最著名的是 2001 年问世的"按键精灵"。按键精灵最早在 Windows 上运行，针对 Windows 客户端游戏进行自动化操作；从 2009 年起，出现了"网页版按键精灵"，针对网页游戏进行自动化操作；从 2013 年起，又出现了"手机版按键精灵"，针对 Android 手机上的游戏进行自动化操作。这样一套产品体系，把主流游戏一网打尽，其技术积累之深厚可见一斑。

但按键精灵的成功绝不在于技术上的优势，而是其"简单易用"的设计理念。按键精灵本身不是一个软件机器人，而是软件机器人的制造工具，这套工具要足够容易上手，让不是 IT 专家的游戏玩家也能轻松掌握，才算是达到"及格线"。在这一点上，按键精灵做得很成功，目前已经有几万名游戏玩家能够熟练地用按键精灵制造自己的"软件机器人"，并分享给更多的人使用，而这些玩家大多数并不精通 IT 技术，甚至没有接受过高等教育。

从某种意义上讲，2001 年出品的"按键精灵"完全可以看作是国内 RPA 的先驱。实际上，当 2017 年 RPA 的概念在国内开始生根发芽的时候，国内有很多介绍 RPA 的文章，都会用按键精灵来举例。虽然按键精灵本身是针对游戏设计的，和财务等领域的"软件机器人"有所不同，但因为名气大，容易理解，用来阐述 RPA 的概念再合适不过了。

那么，按键精灵的制作团队现在在做什么呢？他们在 RPA 方面有无斩获呢？当然有，他们认真分析了 RPA 的具体需求，对按键精灵进行了一次几乎推倒重来的大革新，既保留了团队十几年以来的积累，又积极满足 RPA 的需求，打造出一款强大、易用、快捷的 RPA 平台。没错，这就是 UiBot！

现在，您终于明白为什么 UiBot 有资格傲视"群雄"了吧？

由于面向的领域不同，按键精灵和 UiBot 从基本理念上有很多不同点，技术上的差异更是天翻地覆：

- 按键精灵针对个人用户的需求做了很多优化，能制作用户界面，能设定热键，支持多线程操作，这些功能在 UiBot 中都被删掉了；
- UiBot 针对企业用户做了很多优化，支持 SAP 自动化操作，能以流程图方式展现，支持分布式的控制中心，这些都是按键精灵不具备的；
- 按键精灵的主要指标是运行速度快，因为游戏画面瞬息万变，慢了会跟不上游戏的节奏；软件体积小，因为个人用户的下载带宽有限，这些指标在 UiBot 中并不重要；
- UiBot 的主要指标是运行稳定性好，容错性强，遇到特殊状况宁可停下来，也不盲目操作，另外每次运行都有迹可循，这些指标都远远超过了按键精灵。

所以，到底用按键精灵还是 UiBot，要看您的具体需求：如果是游戏领域，推荐您仍然使用按键精灵；如果是 RPA，果断选择 UiBot。

1.4 后续内容

前面提到，一般的 RPA 平台至少会包含三个组成部分：开发工具、运行工具和控制中心。

UiBot 也不例外，在 UiBot 中，这三个组成部分分别被命名为 UiBot Creator、UiBot Worker 和 UiBot Commander，如下图所示：

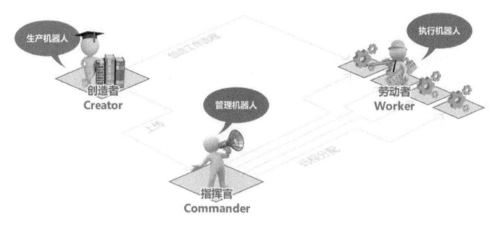

UiBot 的三个组成部分

如果只需要少量的电脑运行流程，可以由 Creator 制作出流程后，直接打包分发给 Worker 使用，Commander 不需要参与；如果需要大量的电脑运行流程，比较合适的方式是 Creator 把流程先上传到 Commander，再由 Commander 统一下发给各个 Worker，并统一指挥各个 Worker 执行流程。

当然，本文是 UiBot 的开发者指南，所以，本文的主要内容都是介绍我们如何使用 Creator 去创建流程，包括其中的一些实用技巧。另外，也会用一小部分篇幅介绍如何打包分发给 Worker，如何上传到 Commander，等等。

在阅读本文的同时，建议您到 UiBot 的官方网站 http://www.uibot.com.cn 下载并安装一份

UiBot Creator 的社区版，社区版是永久免费的，只需要您在线登录一下，或者离线激活一下，即可无限制使用。

如果您之前有一点编程经验，无论什么编程语言，只要知道什么是变量，什么是条件判断，那么阅读本书都会更加顺畅。如果没有，也没关系，我们在本教程最后的附录：编程基础知识 中，对 UiBot 涉及的编程基础概念进行了简单的介绍，通俗易懂，请您在阅读后续内容之前，提前学习一下。

准备好了吗？下面将开始我们的 UiBot 之旅，Let's Go!

第 2 章 基本概念

是不是已经开始跃跃欲试，就想赶快装上 UiBot 软件实现您的流程自动化了？

别急，别急，磨刀不误砍柴工。本章要介绍 UiBot 的四个基本概念：流程、流程块、命令、属性。这四个概念，贯穿本文的始终，在后面的章节中，也会反复地使用这四个概念作为基本术语，所以请务必牢记。这一章的内容不会太长，请务必耐心，不要轻易跳过哦！

2.1 概念

我们先来看一下这四个基本概念。这几个概念之间都是包含关系，一个流程包含多个流程块，一个流程块包含多个命令，一个命令包含多个属性。

- 流程
- 流程块
- 命令
- 属性

第一个概念是**流程**。所谓流程，是指要用 UiBot 来完成的一项任务，一个任务对应一个流程。虽然可以用 UiBot 陆续建立多个流程，但同一时刻，只能编写和运行一个流程。将来在使用 UiBot Worker 和 UiBot Commander 的时候，也是以流程为基本单元来使用的。

如果您之前用过按键精灵，那么"流程"大致相当于按键精灵中的"脚本"。当然，UiBot 中的"流程"和按键精灵中的"脚本"又有一定的差异，比如"流程"包含一个文件夹，而不只是一个文件。更重要的差异是：UiBot 中的流程，都是采用流程图的方式来显示的。

俗话说得好，"纸上得来终觉浅，绝知此事要躬行"，UiBot 是一种实践性很强的工具，所以我们建议在学习本教程的同时，打开 UiBot 软件，亲自将里面的内容实践一下，相信学到的知识会更加深刻。

UiBot 内置了一些经典流程的范例，初学者可以打开这些流程范例，试试运行这些流程，进行仿照学习，当然也可以自己新建一个流程。

2.2 流程图

新建或打开 UiBot 中的流程后，可以看到，每个流程都用一张流程图来表示。

在流程图中，包含了"开始""流程块""判断"和"结束"四种组件，它们之间是用箭头连起来的，如下图所示：

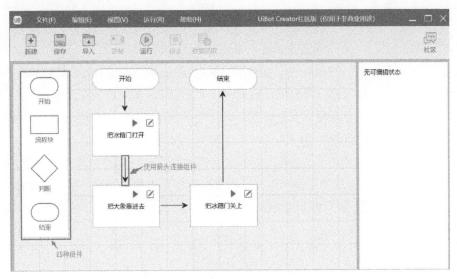

UiBot 的流程图

每个流程图中必须有一个且只能有一个"开始"组件。顾名思义，流程从这里开始运行，并且沿着箭头的指向，依次运行到后续的各个组件。

在每个流程图中，可以有一个或多个"结束"组件，流程一旦运行遇到"结束"组件，自然就会停止运行。当然也可以没有"结束"组件，当流程运行到某个流程块，而这个流程块没有箭头指向其他流程块时，流程也会停止运行。

在每个流程图中，可以有一个或多个"判断"组件，当然也可以没有"判断"组件。在流程运行的过程中，"判断"组件将根据一定的条件，使后面的运行路径产生分叉。当条件为真时，沿着"yes"箭头运行后续组件；否则，沿着"no"箭头运行后续组件。如果您是 UiBot 的新手，可能暂时还用不到"判断"组件。本章后续部分会详叙"判断"组件。

最后，也是最重要的，流程图中**必须有一个或多个"流程块"，流程块**是本章要介绍的第二个重要概念。

我们可以把一个任务分为多个步骤来完成，其中的每个步骤，在 UiBot 用一个"流程块"来描述。比如，假设我们的任务是"把大象装进冰箱里"，那么，可以把这个任务分为三个步骤：

- 把冰箱门打开
- 把大象塞进去
- 把冰箱门关上

上述每个步骤就是一个流程块。当然，这个例子只是打个比方，UiBot 并不能帮我们把冰箱门打开。但通过这个例子可以看出，在 UiBot 中，一个步骤，或者说一个流程块，只是大体上描述了要做的事情，而不涉及如何去做的细节。

UiBot并没有规定一个流程块到底要详细到什么程度:流程块可以很粗,甚至一个流程里面可以只有一个流程块,在这种情况下,流程和流程块实际上已经可以看作是同一个概念了;流程块也可以很细,把一个流程拆分成很多流程块。那么究竟拆分成多少个最合适?这取决于您的个人喜好。但是,我们有两个建议:一是把相对比较独立的流程逻辑放在一个流程块里;二是流程块的总数不宜太多,一个流程中最好不要超过20个流程块。

为什么这样建议呢?因为UiBot中"流程图"的初衷,是为了让设计RPA流程的"业务专家"和使用RPA的"一般工作人员"能够更好地沟通。双方在设计初期就确定大致步骤,划分流程块,然后,业务专家再负责填写每个流程块里面的细节,而一般工作人员就无须关注这些细节了。显然,在这个阶段,如果流程块的数量过多,沟通起来自然也会更加困难。

在UiBot的工具栏上,有一个"运行"按钮。在流程图界面中,按下这个按钮以后,会从"开始"组件开始,依次运行流程中的各个组件。而每个流程块上还有一个蓝色小三角形,实际上也是一个按钮,按下之后,就会只运行当前的流程块。这个功能方便我们在开发RPA流程时,把每个流程块拿出来单独测试。

每个流程块上还有一个形状类似于"纸和笔"的按钮,按下之后,可以查看和编写这个流程块里面的具体内容。具体的编写方法,通过"可视化视图"来完成。

2.3 可视化视图

上一节提到,每个流程块上还有一个形状类似于"纸和笔"的按钮,单击该按钮,可以查看和编写这个流程块里面的具体内容,界面从"流程视图"转到"可视化视图"。

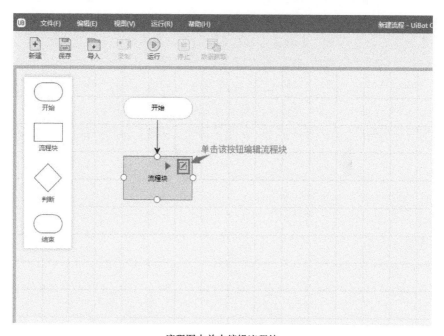

流程图中单击编辑流程块

UiBot 编写流程块的 "可视化视图",界面如下图所示。

流程块编辑界面(可视化视图)

图中用三个框标明了三个主要区域,从左到右分别是命令区、组装区、属性/变量区。

这里引入第三个重要概念:**命令**。所谓命令,是指在一个流程块当中,需要告知 UiBot 具体每一步该做什么动作、如何去做。UiBot 会遵循我们给出的一条条命令,去忠实地执行。继续前面的例子,假如流程块是"把冰箱门打开",那么具体的命令可能是:

- 找到冰箱门把手
- 抓住冰箱门把手
- 拉开冰箱门

当然,和前面一样,这个例子只是打个比方,UiBot 并不能把冰箱门打开。UiBot 所能完成的几乎所有命令,都分门别类地列在左侧的"命令区",也就是上图中的第一个框。包括模拟鼠标、键盘操作,对窗口、浏览器操作等多个类别,每个类别包含的具体命令还可以进一步展开查看。

图中第二个框所包含的区域,称为"组装区",我们可以把命令在这里进行排列组合,形成流程块的具体内容。可以从左侧的"命令区",双击鼠标左键或者直接拖动,把命令添加到"组装区",也可以在组装区拖动命令,调整它们的先后顺序,或者包含关系。具体的操作方式参见相关实验教程。

命令是我们要求 UiBot 做的一个动作,但只有命令还不够,还需要给这个动作加上一些细节,这些细节就是我们要引入的第四个概念:**属性**。如果说命令只是一个动词的话,那么属性就是和这个动词相关的名词、副词等,它们组合在一起,UiBot 才知道具体如何做这个动作。

还用上面的例子来说,对于命令"拉开冰箱门",它的属性包括:

- 用多大力气
- 用左手还是右手
- 拉开多大角度

在编写流程块的时候，只需要在"组装区"用鼠标左键单击某条命令，将其设置为高亮状态，右边的属性变量区即可显示当前命令的属性，属性包含"必选"和"可选"两大类。一般来说，UiBot 会为您自动设置每一个属性的默认值，但"必选"的属性还是请关注一下，可能需要您经常根据需要进行修改。对于"可选"的属性，一般保持默认值就好，有特殊需求的时候才要修改。

您目前看到的组装区的展示方式，称为"可视化视图"。在这种视图中，所有命令的顺序、包含关系都以方块堆叠的形式展现，且适当地隐藏了其中的部分细节，比较容易理解。"可视化视图"体现出 UiBot 作为 RPA 平台的"简单"这一重要特点，为此，UiBot 的设计者们在"可视化视图"的表现方式、详略程度、美观程度方面都有过认真的思考和碰撞，达到了相对比较均衡的状态。即使是没有任何编程经验的新手，看到"可视化视图"，也可以大致掌握其中的逻辑。

2.4 源代码视图

您也许已经注意到了，在组装区的上面，有一个可以左右拨动的开关，左右两边的选项分别是"可视化"和"源代码"，默认是在"可视化"状态。我们可以将其切换到"源代码"状态，属性变量区会消失，组装区会变成如下图所示的样子：

流程块编辑界面（源代码视图）

采用这种方式展现的组装区，称为"源代码视图"。与"可视化视图"类似，"源代码视图"实际上也展现了当前流程块中所包含的命令，以及每条命令的属性。但没有方块把每个命令标识出来，也没有属性区把每个属性整齐地罗列出来，而是全部以程序代码的形式来展现。

如果您对 UiBot 已经比较熟悉了，那么切换到源代码视图，手不离开键盘即可书写命令和属性。UiBot 对源代码视图进行了很多体验上的优化，能帮您快速选择所需的命令，快速填写各个属性，让您以快意的心情书写一条条命令。

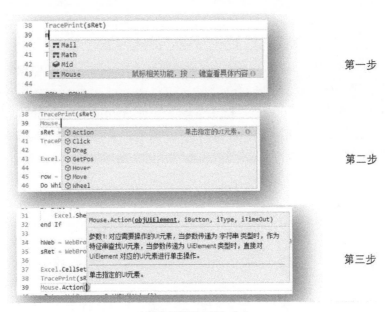

在源代码视图中添加命令

可视化视图和源代码视图描述的都是同一个流程块，它们实际上是同一事物的两种不同展现方式，其内涵都是一模一样的。可视化视图以图形化的方式，突出了各个命令，以及它们之间的关系，适合展现流程块的整体逻辑；源代码视图以程序代码的方式，突出了流程块的本质，并充分展现了其中的所有细节。

飞机的两种视图

打个比方，可视化视图和源代码视图就像是上面这张飞机的视图一样。其实这架 F-16 飞机的左右两翼是基本对称的，但为什么看起来不一样呢？因为它的右翼采用外观视图绘制，展现整体造型，左翼采用透视视图绘制，展现内部构造。同一架飞机，用两种视图展现不同的内容，才能兼顾不同观众的关注点。按同样的道理，同一个流程块，用两种视图展现不同的内容，才能兼顾 RPA 平台的"简单"和"快捷"两大指标。

有的读者会问，究竟是要使用可视化视图，还是源代码视图来进行 RPA 流程开发呢？其实，您大可不必纠结于此，因为无论您使用哪种视图，都可以**随时**切换到另一种视图。您在一种视图上无论编写了什么内容,切换到另一种视图以后,这些内容都会 100% 保留,并以另一种视图的形式展现出来,反之亦然。所以,您完全可以先用可视化视图,稍微熟悉一点儿以后,切换到源代码视图尝尝鲜,也了解一下内部原理,如果觉得暂时还有困难,再切换回可视化视图就好了。完全没有选择恐惧症!这也是 UiBot 的强大之处!

另外,源代码视图还有一个好处,当您在论坛上、QQ 群里向其他人求助的时候,只要切换到源代码视图,把源代码复制粘贴,即可以文本的方式展现您的流程块。对方可以直接阅读源代码,也可以把源代码的文本粘贴到自己的 UiBot 中,并切换到可视化视图查看。这样交流的效率会大大提高。

在源代码视图中使用的编程语言,是 UiBot 自研的 BotScript 语言,具体的语言特性,将在后文详细描述。

2.5 小结

我们在这一章学习了四个重要概念:流程、流程块、命令、属性。一个流程包含多个流程块,一个流程块包含多个命令,一个命令包含多个属性。我们还看到了三种视图:流程视图、可视化视图、源代码视图。流程视图是流程的展现,可视化视图和源代码视图都是流程块的展现。它们之间的关系如下图所示:

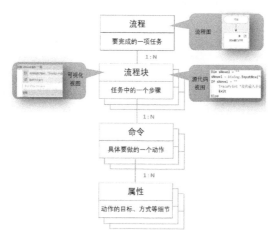

四个概念和三个视图的关系

2.6 进阶内容

本节是进阶内容,当您需要在多个流程块之间共享和传递数据、在流程图中使用"判断"组件的时候,请阅读本节内容。如果您是 UiBot 的初学者,可以跳过不读。

2.6.1 全局变量

流程图和流程块中都可以使用"变量"来存储数据:流程块中的变量,使用范围仅限于当前流程块中，在流程图和其他流程块中无法直接使用；从 UiBot Creator 5.0 版本开始，流程图中支持全局变量，即流程图中定义的变量在所有流程块中都可以直接使用。

下面，我们将举例说明流程图全局变量的具体用法。

假设有一张流程图，包含两个流程块，分别命名为"流程块 1"和"流程块 2"，如下图所示。"流程块 1"先运行，它的功能是获得当前系统时间，并将系统时间转换为字符串格式。"流程块 2"后运行，它的功能是把"流程块 1"的字符串格式系统时间，以调试信息的方式显示出来。

由于"流程块 1"和"流程块 2"同时使用到了"字符串格式系统时间"这个变量，因此，我们首先在流程图中定义这个变量。在"流程图"视图，右边的"属性栏/变量栏"选项卡会列出全局变量，选中流程块时，还会列出选中流程块的属性。单击"变量"选项卡，再单击"添加变量"按钮，输入变量名 x（不区分大小写）。

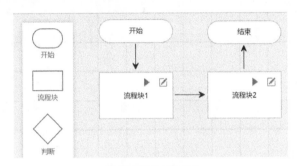

两个依次运行的流程块

在流程图视图添加全局变量

单击流程块 1 的"纸和笔"图标进入流程块 1 的可视化视图，插入一条"获取系统时间"和一条"格式化时间"命令（在"时间"分类下），并把"格式化时间"中的"时间"属性设为"获取系统时间"的结果，即可得到当前时间，并以容易阅读的格式保存在变量 sRet 中。由于流程块 2 也需要获得字符串格式系统时间，再次插入一条赋值语句，将 sRet 的结果赋值给全局变量 x。

大家可以看到，在流程块的"可视化视图"和"源代码视图"的右边，都有一个"查看变量"按钮，用户可以通过这个按钮查看"当前流程块变量"和全局的"流程图变量"。

流程块 1 的实现

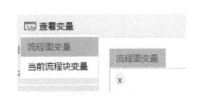

查看流程图变量

再单击"纸和笔"图标进入流程块 2，插入一条"输出调试信息"命令，并把"输出内容"属性设为 x（由于变量 x 为全局流程图变量，可以直接使用）。

查看当前流程块变量　　　　　　　　流程块 2 的实现

回到流程图界面，然后单击"运行"按钮，即可看到运行结果，打印出当前时间。

2.6.2　流程图的输入输出

UiBot Creator 5.0 版本开始支持的流程图全局变量，是流程块之间传递数据的一种方法，除此之外，UiBot 还提供了另一种方法"流程图的输入输出"，可以在流程图和流程块之间传递数据。当一个流程块开始运行的时候，可以把一个值"输入"到流程块中，这个值可以是变量也可以是表达式；而当一个流程块运行结束的时候，也可以把一个值"输出"到流程图中的某个变量中。

在流程图中，用鼠标左键选中一个流程块，右边的"属性"栏会出现这个流程块的属性。其中包含"输入""输出"两项，如下左图所示。如果需要把数据传递进入一个流程块，那么把要传入的数据填写到"输入"栏中（可以是变量、表达式等），在这个流程块中使用一个特殊的变量 Self.Input，这个变量里就会自动存放输入的值。如果需要把数据从一个流程块中传出，那么只需要在流程块中书写 Return <输出值>，并且在流程图的"属性"栏填写一个变量名，即可把输出值保存到这个变量中。

后文会讲到，UiBot 用到的编程语言是不区分关键字、变量名的大小写的，所以您也可以写 SELF.INPUT、self.input，或者 RETURN <输出值>，等等。

流程图的属性栏

下面，我们仍将用上一节的例子说明流程图输入和输出的具体用法。

我们首先选中"流程块 1"，在其"输出"属性中，填写一个变量名，假设是 X；然后选中"流程块 2"，在其"输入"属性中，填写同样的变量名 X（不区分大小写）。这样，通过变量 X，就把"流程块 1"的输出和"流程块 2"的输入连接起来了，如下图所示。

这个变量 X 仅在当前流程图中有效，其作用仅仅是把两个流程块连接起来。在流程块 1 和流程块 2 中，均无法直接使用 X 来设置或者获取其值。

通过同一个变量，连接流程块 1 的输出和流程块 2 的输入

流程图 1 的具体实现，最后使用一条"跳出返回"命令（在"词法语法"分类下），并把 sRet 设为返回值，即可让流程块 1 正确输出，sRet 的值就存入流程图的变量 X 中，如下图所示。为了方便读者理解，图中同时列出了这个流程块的可视化视图和源代码视图，读者可根据掌握程度任选其一。

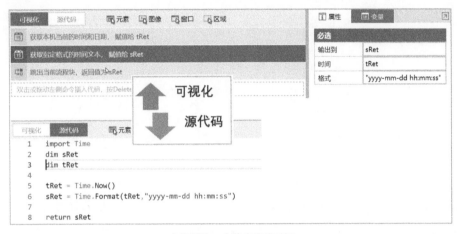

在流程块 1 中输出当前时间

再单击"纸和笔"图标进入流程块 2，只需要插入一条"输出调试信息"命令，并把"输出内容"属性设为 Self.Input 即可（此时，流程图的变量 X 的值，已经存入该流程块的 Self.Input 中），如下图所示。同样，我们也列出了这个流程块的可视化视图和源代码视图，以方便理解。

在流程块 2 中输出调试信息，信息来自流程块 1

回到流程图界面，然后单击"运行"按钮，即可看到运行结果。注意，由于流程块 2 需要获得流程块 1 的输出，所以，在流程图中完整运行流程块 1、流程块 2，结果是正确的。但是如果独立运行流程块 2，由于缺乏流程块 1 的输出，结果可能会有不同。

2.6.3 流程图数据传递方式对比

流程图全局变量和流程图的输入输出是流程块之间传递数据的两种方式，通常来说，全局变量使用起来更加方便、直观、快捷，流程图的输入输出方式，变量仅限于单个流程块使用，更加安全一些。一般情况下，我们推荐使用全局变量的方式。

复杂流程图的实现

有人可能会有这样的疑惑，UiBot 只提供"开始""流程块""选择"和"结束"四种组件，其中"开始"和"结束"还不是真正的业务流程组件，仅仅通过"流程块"和"选择"这两种组件，能够胜任复杂的流程图吗？就好比下图：

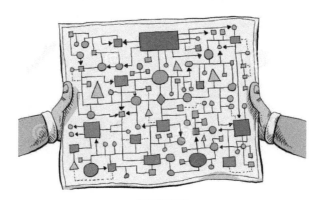

复杂流程图

您还真别小看 UiBot 这几种组件，再复杂的流程图，也可以通过这四种组件的简单排列组合来实现！

我们来透过现象看本质：再复杂的流程图，按照其结构组成来分类，大致可以分为三种：顺序结构、选择结构和循环结构，下面我们就分别来看看这三类流程图如何用 UiBot 来实现。

顺序结构

在顺序结构中，各个步骤是按先后顺序执行的，这是最简单的一种基本结构。如下图所示，A、B、C 是三个连续的步骤，它们是按顺序执行的，即完成上一个框中指定的操作才能再执行下一个动作。

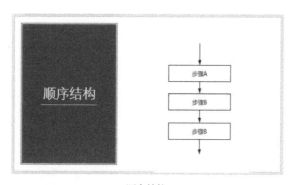

顺序结构

UiBot 中实现顺序结构的顺序流程图如下图所示。

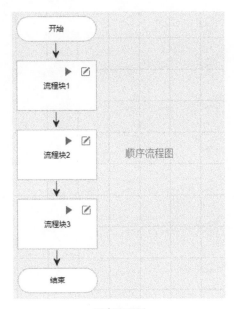

顺序流程图

选择结构

选择结构又称分支结构，选择结构根据某些条件来判断结果，根据判断结果来控制程序的流程。在实际运用中，某一条分支路线可以为空（如下图二、图三所示）。

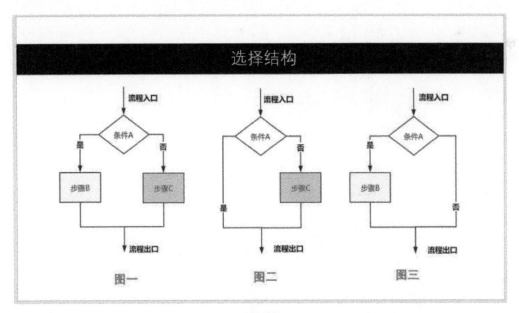

选择结构

UiBot 中实现选择结构的选择流程图如下图所示。

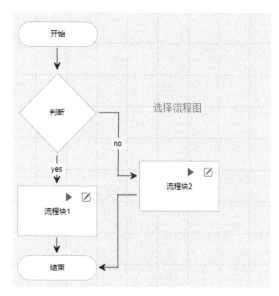

用 UiBot 实现选择结构图一

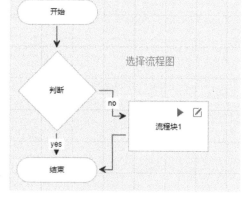

用 UiBot 实现选择结构图二、图三

循环结构

循环结构又称为重复结构，指的是流程在一定的条件下，反复执行某一操作的流程结构。循环结构下又可以分为当型结构和直到型结构。

循环结构可以看成是一个条件判断和一个向回转向的组合，使用流程图表示时，判断框内写上条件，两个出口分别对应着条件成立和条件不成立时的执行路径，其中一条路径要回到条件判断本身。

当型结构：先判断所给条件 P 是否成立，若 P 成立，则执行 A（步骤）；再判断条件 P 是否成立；若 P 成立，则又执行 A，若此反复，直到某一次条件 P 不成立时为止，该流程结束。

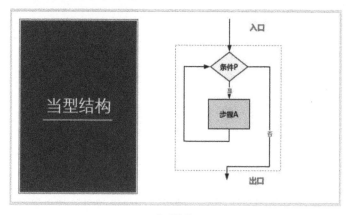

当型结构

直到型结构：先执行 A，再判断所给条件 P 是否成立，若 P 不成立，则再执行 A，如此反复，直到 P 成立，该循环过程结束。

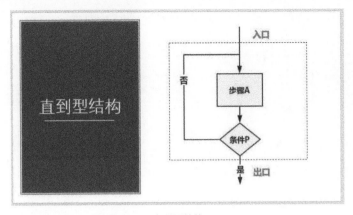

直到型结构

UiBot 中实现循环结构的循环流程图如下图所示。

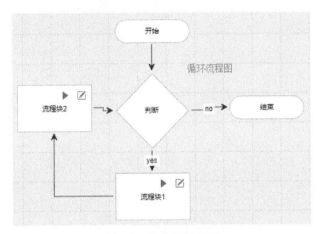

用 UiBot 实现循环流程图

在具体使用上，UiBot 使用"判断"组件来实现上述功能，把"判断"组件拖到流程图中，并且用鼠标左键选中，即可在属性栏中看到该组件的属性。如下图所示，其中"条件表达式"这一栏很关键，您可以填写一个变量或者表达式。在流程运行到此判断时，将根据这个变量或表达式的值是否为真，来决定后面是沿着 yes 所示的出箭头继续运行，还是沿着 no 所示的出箭头继续运行。

必选	
描述	判断
条件表达式	sRet=1

判断表达式

"判断"组件有两个出箭头，一个标有 yes，一个标有 no，当其属性中的"条件表达式"为真时，沿着 yes 箭头往后运行，否则，沿着 no 箭头往后运行，如下图所示。

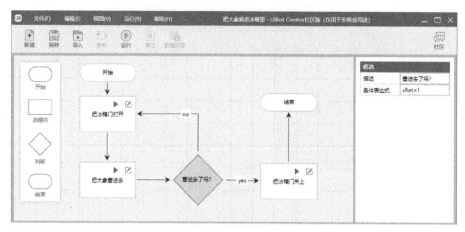

根据条件表达式来决定流程

第 3 章 有目标命令

我们在"RPA 简介"一章中曾提到，RPA 的一大特色是"无侵入"，也就是说，虽然 RPA 是配合其他软件一起工作的，但并不需要其他软件提供接口。而是直接针对其他软件的操作界面，模拟人的阅读和操作。但是，一般的软件界面上都会有多个输入框、按钮，计算机怎么知道我们到底要操作什么地方呢？本章所述的"界面元素"将解决这个问题。

3.1 界面元素概述

如果您之前有一定的计算机基础，了解什么是"控件"，对不起，请先暂时忘掉这个概念。因为"控件"和"界面元素"虽然有共同点，但又不完全一样，一定要尽量避免混淆概念。

除计算机专家之外，一般人在使用计算机的时候，都是在和操作系统的图形界面打交道。无论是常用的 Windows 或 Mac OS X，还是非 IT 人士不太常用的 Linux，都有一套自己的图形界面。随着 Web 浏览器的大行其道，也有越来越多的图形界面选择在浏览器上展现。这些图形界面各有各的特色，但当我们用鼠标单击的时候，其实鼠标下面都是一个小的图形部件，我们把这些图形部件称为"界面元素"。

比如，下图是一个普通的 Windows 窗口，也是典型的图形用户界面。在这个窗口中，有哪些界面元素呢？

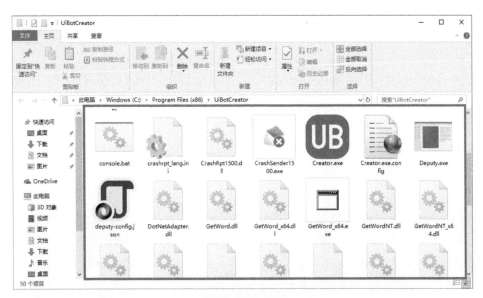

普通的 Windows 窗口

首先，上面的菜单栏里面的各个选项，如"文件""主页""共享""查看"都是独立的界面元素。菜单栏里面的图标和下面的文字，如"复制""粘贴"等都是独立的界面元素，左边的导航栏里面的"快速访问""桌面""下载"等都是独立的界面元素；当然，窗口主要区域（框包含的范围）里面显示的每个文件也都是独立的界面元素。

界面元素之间还有嵌套的组合关系。比如，框包含的范围是一个大的界面元素，里面的每个文件又是独立的界面元素。

在 UiBot 中，界面元素的作用，就是作为"**有目标**"的命令中的**目标**使用。

前文中提到，UiBot 在命令区已经放置了很多作为"预制件"使用的命令。其中，最基础的是如下图所示的几类：

最基础的几类命令

其中，"界面元素"和"文本"类别下面的**所有**命令，都是有目标的；"鼠标"和"键盘"下面的包含"目标"两个字的命令，也都是有目标的，如下图红框所示。

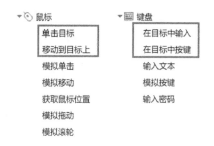

有目标的命令

所谓**有目标**的命令，就是在命令中指定了一个界面元素。在运行的时候，会先查找这个界面元素是否存在。如果存在，则操作会针对这个界面元素进行。比如界面元素是一个按钮，那么命令"单击目标"就是单击这个按钮。如果不存在，则会反复查找，直到超过指定的时间（也称为"超时"。超时时间可以在"属性"中设置），会输出一个出错信息，流程也会直接停止运行。

相反，对于**无目标**的命令，在命令中就不需要指定界面元素了。比如"模拟单击"命令是没有目标的，在运行的时候，鼠标当前在什么位置，就单击什么位置；再比如"模拟按键"命令也是没有目标的，在运行的时候，键盘的输入焦点在什么位置，就在什么位置模拟一个按键操作。

显然，在用 UiBot 的时候，应该优先使用有目标的命令，因为有目标的命令会准确很多。只有在找不到目标的时候，才退而求其次，使用无目标的命令。

所以，在用 UiBot 的时候，如何准确选取一个目标是很关键的。只要准确地选到了目标，模拟操作相对来说就比较简单了。下面介绍选取目标的方法。

3.2 目标选取

UiBot 提供了一种全自动的选取目标的方式，我们以"鼠标"类别中的"单击目标"命令为例来说明。

假设我们要执行一个最简单的流程，这个流程只有一个步骤：单击 Windows 的开始菜单按钮（默认位置在左下角）。首先，新建一个流程，然后，打开其中唯一的流程块，接着，在"可视化"视图中找到"单击目标"命令，用拖动或者双击的方式将其插入组装区。以上步骤您应该已经很熟悉了，如果还不熟悉，请回过头去阅读基本概念这一章。

在组装区中，现在已经有一条命令了。我们会注意到，这条命令上有一个按钮，文字是"查找目标"，还有一个瞄准器样子的图标，如下图所示：

"单击目标"命令和"查找目标"按钮

单击这个按钮，UiBot 的界面暂时隐藏起来了，出现了一个红边蓝底的半透明遮罩，我们称为"目标选择器"。鼠标移动到什么地方，这个目标选择器就出现在什么地方，直到我们单击鼠标左键，目标选择器消失，UiBot 的界面重新出现。在按下鼠标的时候，目标选择器所遮住的界面元素，就是我们选择的目标。

前文提到，界面元素可能是嵌套的，鼠标所在的位置，可能已经落到了多个界面元素的范围之内。此时，目标选择器会自动选择您最有可能需要的界面元素，并将其遮住。所以，在按下鼠标之前，请先耐心移动鼠标，直到目标选择器不多不少地恰好遮住了您要操作的界面元素为止。

我们可以试一下，用目标选择器遮住开始菜单按钮，注意是恰好遮住，不多不少。当遮罩变成了如下图所示的状态时，再单击左键完成选择。当然，下图是在 Windows 10 操作系统中的样子，对于其他版本的 Windows 操作系统，样子可能会有区别，但原理不变。

用"目标选择器"选中开始菜单按钮

一旦选中之后，UiBot 的界面重新出现，刚才按下的"查找目标"按钮也变成了目标界面元素的缩略图，这个缩略图仅供参考，帮助您记得刚才选中的是哪个目标，而不会对流程的运行有任何的影响。而且，这个缩略图实际上还是一个按钮，按下去以后，作用和刚才的"查找目标"一模一样。如果前面选择的目标不合适，或者不小心选错了，按这个按钮重来一次就好。

对于有目标的命令，我们稍微留意一下，就会发现在命令的属性中，有一条属性被称为"目标"。当我们还没有选择目标的时候，这个属性的值是一对花括号 {}，如下左图所示（此时实际上没有选择目标，所以如果运行的话，是一定会出错的）。而当我们选择了目标以后，这个属性的值会比较长，但仍然是被一对花括号所包围起来的，如下右图所示。

"目标"属性的值

不妨把这个长长的值粘贴到这里，它完整的样子其实是：

{"wnd":[{"app":"explorer","cls":"Shell_TrayWnd"},{"cls":"Start","title":"开始"}]}

当我们在后文中学习完 UiBot 的编程语言 BotScript 以后，就会知道这一长串内容实际上是 BotScript 中的一个"字典"数据类型。当然，现在并不需要掌握这些细节，只要知道这是一段特殊的数据即可。UiBot 在运行流程的时候，根据这段数据，就可以寻找我们指定的界面元素了。

如果您有过 Windows 的应用开发经验（如果没有，也没关系，这一段可以跳过去，不影响后续阅读），就会知道 Windows 上的应用程序实际上有很多开发框架，包括 SDK、MFC、WTL、WinForm、WPF、QT、Java 等，如果再算上运行在 IE 和 Chrome 浏览器中的 Web 应用，类型就更多了。这些应用程序其实都提供了界面元素的查找、操作接口，从技术上来说，UiBot 无非就是调用这些接口而已。但是，这些接口的调用方法各不相同，甚至差异很大，即使是 IT 专家，也很难在短时间内对所有这些接口都驾轻就熟，更不用说一般用户了。

但如果用 UiBot，它们都是一样的"界面元素"，对它们进行查找和操作没有任何差异。比如，MFC 程序中可能有一个按钮，Chrome 浏览器中可能也有一个按钮，看起来都是按钮，但对这两个按钮分别模拟单击，技术上的差异几乎可以说是天壤之别。而在 UiBot 中，您完全无须关心这些区别，UiBot 已经把这些差异帮我们抹平了，从而实现了"强大""简单""快捷"三个指标的统一及平衡。

3.3 目标编辑

在上一节中，我们看到 UiBot 的目标选择器是自动工作的。只要我们把鼠标移动到希望作为目标的界面元素上，遮罩会恰好遮住这个界面元素，并且会生成一段数据，UiBot 在运行的时候，用这段数据即可找到目标。

当然，凡是自动工作，都难免会出错。在使用目标选择器的时候，常见的问题是：
- 无论如何移动鼠标，都无法使遮罩恰好遮住要作为目标的界面元素（通常是遮罩太大，遮住了整个窗口）。
- 遮罩可以恰好遮住界面元素，但用生成的数据去查找目标时，发生了如下情况：
  - 错选：能找到界面元素，但找到的界面元素不是我们当初选取的。
  - 漏选：我们当初选取的界面元素明明存在，却找不到了。

对于第一种情况，也就是无法遮住目标的情况，我们会在下一章用比较多的篇幅详细叙述。这里主要讨论的是第二种情况，也就是明明可以遮住目标，但在运行的时候，却发生错选或漏选的情况。

我们在上一节中提到，当选取目标时，UiBot会生成类似于这样的一串数据，用来描述目标：

```
{"wnd":[{"app":"explorer","cls":"Shell_TrayWnd"},{"cls":"Start","title":"开始"}]}
```

UiBot在运行流程的时候，就是根据这串数据中的描述，来查找目标的。所以，当发生错选或者漏选的时候，实际上就是这串数据出现了问题，需要对它进行修改。

如何修改呢？我们首先在"属性"栏，找到"目标"属性，这串数据就显示在后面的输入框里。既然是输入框，理论上可以直接编辑其内容，但输入框太小，编辑起来非常困难。需要修改目标的时候，推荐按输入框右边的按钮，如下图中红框所示：

修改目标

按下这个按钮，会弹出一个"目标编辑器"的窗口。上半部分是缩略图，表示作为目标的界面元素的大致样子，UiBot在查找目标的时候，并不会使用这张图片，仅仅是让您查阅参考的。下半部分是"控件筛选器"，把描述目标的那串数据用一个树形结构重新展示出来了，如下图所示：

目标编辑器

实际上，这个树形结构里面，保存的是界面元素的某些特征，每一项都是一个特征，这些特征是 UiBot 自动选取的，只有当这些特征**全部**满足的时候，才会认为找到了界面元素。而且，由于界面元素是相互嵌套的，UiBot 不仅会记录作为目标的界面元素的特征，还会保存它的上面若干级的界面元素的特征。每一级的特征都必须全部满足才行。

以上图中 Windows 的开始菜单按钮为例，其中 0: Object 那一行及其下面的内容，代表的是开始菜单按钮的上一级界面元素（实际上是 Windows 任务栏）的特征，而 1: Object 那一行及其下面的内容，代表的才是开始菜单按钮本身的特征。在流程运行的时候，UiBot 会逐级查找，首先找到第一级的 Windows 任务栏，然后再在任务栏里面，找所有特征全部满足的开始菜单按钮。

这样严格的特征匹配，显然很容易造成"漏选"。比如，我们可以看到，Windows 为开始菜单按钮设定了一个"标题"，也就是 title 那一行，其内容是"开始"（这个标题通常不会让用户看到，但实际却是存在的）。UiBot 会把这个标题作为特征的一部分，因为一般来说，按钮的标题是不会变的。但是，如果有一天，这个按钮的标题发生了变化，就造成了漏选。

那么，该怎么修改呢？我们看到，在 title 前面有一个勾选框，默认是处于已勾选状态的。只需要点一下这个勾选框，将其置为未勾选的状态，UiBot 在找界面元素的时候，就不会再使用这个特征，即使标题发生了变化，也能找到。

但是，如果去掉了太多的特征，漏选是不太容易发生了，却会发生错选。举个极端一些的例子：如果把 cls: "Start" 和 title: " 开始 " 这两行全都取消勾选，显然，0: Object 所代表的 Windows 任务栏下面的任何一个界面元素，就都可以满足条件了，这就造成了错选。

所以，如果界面元素比较复杂，或者特征经常发生变化，如何准确地编辑目标，既不发生错选也不发生漏选，还是需要一定技巧的。很遗憾，这方面并没有特定的规则，只能多多尝试，积累经验。下面有几条公共的经验，请读者先记住，然后再在实践中总结自己的经验。

- 有的特征名称您可能暂时不理解，比如 cls、aaname 等，可以暂时不管它们；
- 善用通配符 *，这个通配符代表"匹配任意内容"。比如有一个界面元素，其 title 特征的值是"姓名：张三"，后面的"张三"可能会变，但前面的"姓名："不变。所以，可以用 title: " 姓名：*" 来作为特征，而不是把这条特征去掉；
- 去掉特征的时候要慎重。因为去掉特征虽然可以减少漏选，但会增加错选。在流程运行的时候，漏选一般比较容易发现，但错选未必能马上发现。

关于最后一条，值得特别说明一下：UiBot 在运行一个流程的时候，大多数的"有目标"命令在找不到目标的时候，都会抛出一个异常（除非是"判断目标是否存在"这样的命令），流程会马上停下来，并且报错（除非您使用了 Try…Catch 来捕获异常，具体用法请参考后文）。所以比较容易发现。而当发生错选的时候，UiBot 并不知道，还会继续往下运行，错误就不太容易发现了。

最后，需要提醒的是：同样的界面元素，在不同的操作系统、不同的浏览器上，可能特征也会发生变化。特别是 IE 和 Chrome 浏览器，在显示同一个页面的时候，同样的界面元素可能会有完全不同的特征。如下图所示，同样用 IE 和 Chrome 打开百度的首页，并且把百度的搜索框作为目标来选取，其特征具有较大的差异。

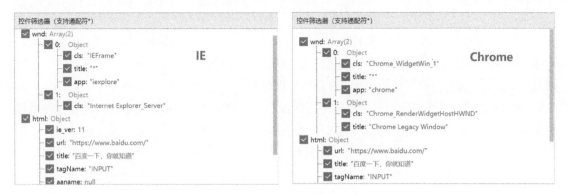

用 IE 和 Chrome，同一目标的特征不同

所以，在用 UiBot 制作流程，并且在别人的计算机上使用的时候，请尽量保持开发环境和生产环境的一致性，以减少不必要的错误。

3.4 界面元素操作

UiBot 提供的界面元素操作的命令列表如下图所示。

界面元素操作菜单

很多 UiBot 的初学者，在面对如此庞杂的命令列表时，往往显得不知所措。其实，这些命令大可不必死记硬背，只要熟练掌握一些技巧，深入理解 UiBot 的设计理念，就会发现其中存在一些通用的原理，掌握了这些原理，在面对特定问题时，脑中自然就会浮现出某条命令来，甚至这条命令应该有哪些属性、每个属性可以有哪些取值、每个取值的含义是什么，大概也能猜得出来，下面我们就一起来学习一下。

前文讲述过，对界面元素的操作通过**命令**进行，除命令本身之外，命令的属性也是组成命令不可或缺的部分。甚至可以说，只有把命令的关键属性描述清楚，一条命令才能称为一条完整的命令。一般来说，命令由如下几个部分组成。

命令 =（对什么事物）+（用什么东西）+（做什么操作）+（得到什么结果）

"**对什么事物**"，指的是命令的操作对象，也就是我们本节所说的**目标**，对于界面元素而言，操作对象包括单选按钮、复选框、文本框、列表框、下拉列表等。前面我们已经学习了，可以通过 UiBot 的"查找目标"功能来确定命令的操作对象。

"**做什么操作**"，指的是对目标能够进行的操作。一般来说，对目标能够进行的操作是由目标本身的类型决定的，当目标确定了以后，能够对目标进行哪种操作，也就基本确定了。比如按钮，"**单击**"是能够进行的操作，而文本标签一般不能单击；再比如单选按钮，能够进行的操作，一种是获取它的选择状态（勾选还是没有勾选），一种是设置它的状态（勾选还是不勾选）。还有一些通用操作，是几乎所有界面元素都有的，比如获得界面元素的大小、位置、文字等。

"**用什么东西**"，指的是对这个目标进行操作的时候，还需要用户提供哪些信息。这个同样取决于目标本身的类型。比如设置单选按钮的状态，传入的就应该是一个布尔值（True 还是 False）。也有少数命令，不需要用户额外提供信息，就可以执行，比如**获取元素文本**命令，只要告诉这条命令的目标，就可以获得元素文本，不需要其他信息。从这个角度来看，"用什么东西"有点像编程里面的**参数**，不需要用户额外提供信息等同于编程里的**无参调用**函数。

"**得到什么结果**"，指的是命令的返回结果。比如获取元素文本，返回的是字符串类型的元素文本；再比如**获取元素选择**命令，当界面元素是复选框时，返回的是一个数组（因为用户可能进行了多选）。

从上面的描述可以看得出来：本质上，UiBot 是对真人操作的模拟，是将一个一个的操作封装成一条一条的命令，而这些命令的关键属性都是由目标决定的。

下面我们以一个具体的界面，来演示如何进行界面元素操作。这个界面中有文本标签、单选按钮、复选框、单行文本框、多行文本框、列表框、下拉列表、勾选框等，基本代表了典型的界面元素。

测试界面

3.4.1 判断元素是否存在

顾名思义,"判断元素是否存在"这一命令可以检查当前屏幕上是否出现了某个特定的界面元素,并且把检查的结果放置在一个变量里面。当界面元素存在时,变量里面保存的是 True,否则是 False。

当我们需要判断流程执行到某个步骤后,是否会出现某个特点界面,用这个命令是比较适合的。可以用界面上一个关键的元素作为判断标准,如果这个元素存在,表明出现了该界面,否则,表明该界面不存在。

例如,我们来判断上图的测试界面中是否存在"提交"元素。

1. 通过鼠标拖动,将"判断元素是否存在"加入可视化视图中,如下图所示;

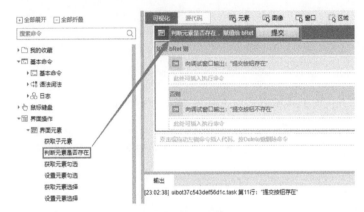

判断元素是否存在

2. 单击"判断元素是否存在"的"查找目标"按钮,切换到测试页面,将鼠标悬停在"提交"按钮上,使红边蓝框刚好覆盖"提交"按钮,单击鼠标左键;

3. "判断元素是否存在"命令的结果保存在变量 bRet 中,如上图所示,我们通过一条判断语句,判断得到的结果是 True 还是 False:True 表明找到了界面元素;False 表明没找到界面元素。

3.4.2 设置/获取元素勾选

"设置/获取元素勾选"用来自动化操作界面,自动完成表单填写、自动操作等功能,操作的元素主要是单选按钮和复选框。

我们同样以上图的测试界面为例,说明这两条命令的用法。

1. 通过鼠标拖动,将"设置元素勾选"命令加入可视化视图中,"查找目标"为爱好的"音乐"选项和"运动选项",注意需要查找的目标为音乐和运动的勾选项,而不是音乐和运动文字本身;

2. 通过鼠标拖动,将"获取元素勾选"命令加入可视化视图中,"查找目标"同样为爱好的"音乐"选项和"运动"选项;

3. 运行流程,结果如下图所示,输出内容为"爱好音乐"和"爱好运动",说明成功设置了元素的勾选;

"设置/获取元素勾选"命令及运行结果

4. 在测试界面上,我们也可以看到,原来没有勾选"音乐"和"运动"选项,而现在这两个选项都已经自动勾选上了。因此,通过这两条命令,可以达到自动填写表单的目的。

界面元素的操作还包括获取子元素、设置/获取元素选择、设置/获取元素属性、设置/获取元素文本、获取元素区域、元素截图等。其使用方法可查阅 UiBot 命令手册,这里不再赘述。

3.5 UI 分析器

我们先小结一下本章前面的内容:

第一、使用 UiBot 的时候,应该优先使用有目标的命令,因为有目标的命令更加准确;

第二、使用 UiBot 的时候,如何准确选取一个目标是很关键的,只要准确地选到了目标,模拟操作相对来说就比较简单了;

第三、UiBot 提供了一种全自动的选取目标的方法,在全自动选取目标完成后,还可以手动修改目标的特征,以便尽量减少错选和漏选。

上述工作是不是已经足够了呢?还不够!只要稍微有点经验的 UiBot 用户就会知道,虽然 UiBot 提供了全自动选取目标的方法,但是最难的、最容易出错的恰恰是"如何正确选取一个目标"这个步骤!

熟悉前端页面的应该知道:界面元素,尤其是 Web 页面的界面元素,其实一个层层嵌套的树形结构。在使用 UiBot 的"查找目标"功能定位所要查找的目标元素时,有可能误定位到真实目标的父节点或者子节点,因为真实目标和它的父节点、子节点在界面上有时候看起来完全一样。我们来看一个具体例子,这是某购物网站的一个商品列表页面截图片段。

某购物网站商品列表

假设要获得的是商品的详细链接，熟悉前端页面的应该知道，链接地址通常为某个 <a> 界面元素的 href 属性。我们可以通过查看页面的源文件确认。

页面的源文件

插入一条"获取元素属性"命令，单击"查找目标"按钮，此时出现了一个红边蓝底的半透明遮罩，在页面上移动鼠标使遮罩刚好盖住所要选取的界面元素；在该命令的"属性名"参数填入 "href"。再插入一条"输出调试信息"命令，将获得的链接地址打印出来。

获取并打印链接地址

一切准备妥当，单击运行，查看结果，发现并未如我们所愿打印出链接地址，这是为什么呢？

原因正如上面所述，系统并未准确地定位到我们期待的那个目标，那么怎样才能准确地定位目标呢？这个时候，就要用到 UiBot 提供的一个神器 —— UI 分析器！UI 分析器是一个独立的应用程序，启动按钮位于 UiBot Creator 主界面的工具栏。

UI 分析器工具栏

单击"UI 分析器"按钮，即可启动 UI 分析器。初次启动时，UI 分析器的主界面没有内容。

UI 分析器初次启动主界面

单击 UI 分析器主界面的"查找目标"按钮，这个按钮与 UiBot Creator 中有目标命令的"查找目标"作用是一致的，弹出半透明遮罩，我们同样选择刚才选择的目标。UI 分析器会给出所选择目标的信息，包括缩略图标、特征筛选、可视化树等。

大家尤其需要关注"可视化树"，在"可视化树"界面中，UI 分析器高亮显示了当前所选取目标的标签名称 tagName。可以看到，当前选取的是 <EM> 标签，而我们期待的那个目标 <A> 标签是 <EM> 标签的父节点。在可视化树的 <A> 标签处单击鼠标右键，弹出"设置为当前目标"菜单，单击该菜单，<A> 标签被高亮显示，表示 <A> 标签被选为当前目标。

UI 分析器选择目标

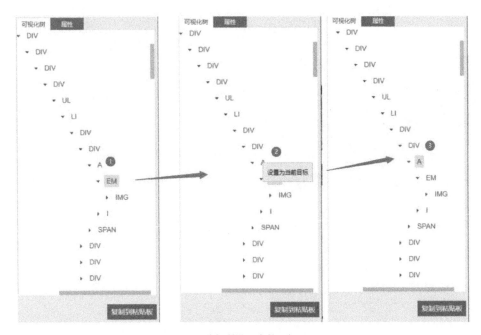

UI 分析器设置当前目标

单击"可视化树"右下角的"复制到剪贴板"按钮,即可将当前目标的特征复制到剪贴板。再次切换到 UiBot Creator 的可视化界面,单击"获取元素属性"命令,将刚才复制的特征粘贴到"目标"属性中。我们可以单击"目标"右边的"编辑器"按钮,确认当前目标已由 <EM> 标签切换为 <A> 标签。

再次查看目标特征

再次单击运行，查看结果，输出正确结果。

输出正确结果

3.6 安装扩展

在用遮罩选取目标的时候，很常见的一种情况是：遮罩无论如何只能遮住整个窗口，或窗口的客户区，而无法选取里面的具体界面元素。如下图所示，只能选中 Chrome 浏览器的整个页面，不能选取里面的输入框和按钮。

用 Chrome 浏览器，无法选取具体目标

对于这种情况，有两种可能性，一种是界面真的无法选取（我们会在下一章详细讨论），另一种是界面其实可以选取，但是需要强大的 UiBot 提供帮助，在 UiBot 的帮助下，我们可以选取之前无法选取的界面。目前，UiBot 提供的扩展有 Chrome 浏览器扩展，Firefox 浏览器扩展和 Java 程序扩展。安装了这些扩展以后，就可以选取 Chrome 浏览器中的页面元素，Firefox 浏览器中的页面元素和 Swing、AWT、JNPL、Applet 等多种 Java 应用程序界面元素了。

下面以 Chrome 浏览器为例，看看这些扩展插件的安装方法。

3.6.1　Chrome 浏览器

Chrome 浏览器需要安装**扩展程序**，并启用了扩展程序，才能正常选取。请留意您的 Chrome 浏览器地址栏右边的一排小图标，要有如下图所示的这个图标（颜色可能是灰色，但不影响正常工作）才行，鼠标移动上去，还有文字提示"UiBot Native Message Plugin"。

UiBot 在 Chrome 浏览器上的扩展图标

如果没有安装扩展程序，则需要遵循以下步骤进行安装：

1. 关闭 Chrome 浏览器；

2. 打开 UiBot Creator，随便选择一个流程。在菜单中选择"帮助"→"安装扩展"命令，选择"Chrome 扩展"命令；

3. 打开 Chrome 浏览器，稍等片刻，浏览器会提示已添加新的扩展，如下图所示。此时请务必单击"启用扩展程序"按钮；

Chrome 浏览器提示添加新的扩展

4. 如果仍然有问题，请按照如下图所示的指示，打开 Chrome 的扩展程序管理功能，并启用 UiBot Native Message Plugin。

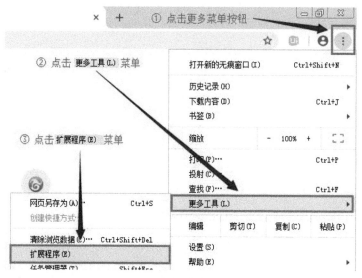

Chrome 浏览器的扩展管理

除了 IE、Chrome 浏览器，我们还经常用到百度浏览器、360 安全浏览器、QQ 浏览器等国产浏览器。这些浏览器都采用了 Chrome 内核或 IE 内核，理论上 UiBot 也可以支持获取其中的界面元素。但是，由于其设置方式各不相同，还经常发生变化，为了简单起见，推荐大家在 RPA 流程中还是使用原生的 Chrome 浏览器或 IE 浏览器。

3.6.2 SAP 程序

UiBot 支持 SAP 产品的录制及自动化操作，为了能够识别、操作 SAP 控件，需要在开始之前对 SAP 进行一些设置。

开启 SAP GUI Scripting（服务端）

1. 登录 SAP，执行事务 RZ11；

执行事务 RZ11

2. 输入参数 sapgui/user_scripting，并单击"显示"按钮；

输入参数 sapgui/user_scripting

3. 单击"更改值"按钮，在"新值"中输入"TRUE"。

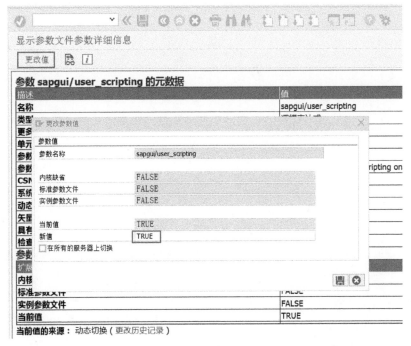

更改值

开启 SAP GUI Scripting（客户端）

1. 登录 SAP，单击"定制本地布局 (Alt+F12)"，选择"选项"命令；

定制本地布局

2. 切换到"辅助功能与脚本"→"脚本"选项，在"用户设置"中选中"启动脚本"复选框，并屏蔽其他通知。

辅助功能与脚本

F4 帮助设置为模态对话框

1. 登录 SAP，单击"帮助"→"设置…"菜单命令；
2. 切换到"F4 帮助"选项卡，在"显示"设置中选中"对话（模式）"单选按钮。

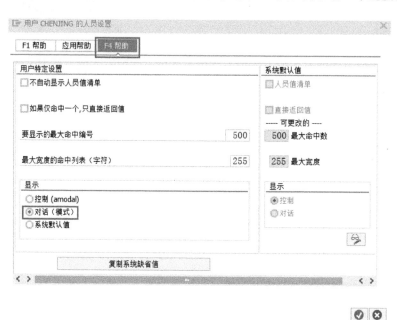

F4 帮助设置

第 4 章　无目标命令

在上一章中，我们讲述了"界面元素"，以及如何选取一个界面元素作为目标，以便使用"有目标命令"。当然，并非在所有的情况下，都能准确找到恰当的界面元素作为目标。因此，我们需要学会使用"无目标命令"，以备不时之需。

4.1 为什么没有目标

在上一章中提到，我们在查找、操作界面元素的时候，实际上都是在调用界面元素所在的软件给我们提供的接口。UiBot 所做的，实际上是把这些不同种类的接口统一起来，让编写流程的人不需要关注这些细节。但是，仍然会有一些软件，没有给我们提供查找、操作界面元素的接口；或者虽然提供了接口，但在最终发布时关闭了，这些软件包括：

- 虚拟机和远程桌面

包含 Citrix、VMWare、Hyper-V、VirtualBox、远程桌面（RDP）、各种安卓模拟器（如靠谱助手）等。这些程序都由单独的操作系统在运行，和 UiBot 所在的操作系统是完全隔离的，UiBot 自然无法操作另一个操作系统里面的界面元素。

当然，如果条件允许的话，可以把 UiBot 和流程涉及的软件，都安装在虚拟机里，或者远程计算机里。这样一来，这些软件提供的接口就可以被 UiBot 直接使用了，因为它们还是运行在同一个操作系统里面的，本地计算机只是起到了一个显示器的作用而已。

- 基于 DirectUI 的软件

以前，Windows 软件界面的开发框架都是微软提供的，包括 MFC、WTL、WinForm、WPF 等。微软很贴心地为这些框架制作出来的界面都提供了自动化操作的接口。近年来，为了让软件界面更好看，也更容易制作，很多厂商或开发团队推出了自己的 Windows 软件界面开发框架。这类框架统称为 DirectUI。用这些框架制作的界面，其界面元素都是"画"出来的，虽然人眼可以看到，但操作系统和其他程序都不知道界面元素到底在哪里。有的 DirectUI 框架提供了对外的接口，可以找到界面元素，有的则根本没有提供这样的接口，其他程序，包括 UiBot，自然也无法找到界面元素。

实际上，UiBot Creator、UiBot Worker 本身的界面就是用一种 DirectUI 框架开发的，这种框架称为 Electron。Electron 其实提供了界面元素的查找接口，但对外发布的版本默认都关闭了。

所以，细心的读者可能会发现，UiBot 里面的界面元素，反而是市场上任何 RPA 平台，包括 UiBot 自己，都无法找到的。

还有一个我们常用的基于 DirectUI 的软件，就是微信的 Windows 客户端。由于腾讯并未对外透漏，我们无法得知微信的 Windows 客户端使用了哪种 DirectUI 框架。但事实表明，这种框架并未提供界面元素的接口，所以，目前市场上除 UiBot 之外的任何 RPA 平台都无法找到其界面元素。只有 UiBot 针对微信的 Windows 客户端，采用了计算机视觉技术，能识别其中的界面元素。

- 游戏

由于游戏的界面强调美观和个性化，所以，一般游戏的界面元素都是"画"出来的，原理上和 DirectUI 类似。这种界面通常也没有提供接口，告知我们界面元素的位置。和基于 DirectUI 的软件不同的是，游戏界面变化速度快，对时效性的要求更高，一般来说，RPA 平台并未针对游戏进行优化，所以在游戏上使用的效果不会太好。

如果要在游戏上使用自动操作，推荐使用按键精灵。按键精灵是专门为游戏设计的，内置了很多针对游戏的界面查找手段，比如单点颜色比对、多点颜色比对、图像查找等，且运行效率更高。

4.2 无目标命令

我们在上一章中介绍了"有目标"的命令，相对地，UiBot 也有"无目标"的命令。如下图所示，实线框中表示有目标的命令，虚线框中表示无目标的命令。

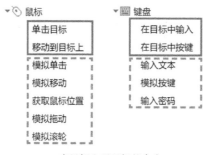

有目标和无目标的命令

如果遇到了没有目标的 Windows 软件，"有目标命令"自然就不能再用了，但仍然可以用"无目标命令"。在图中这些无目标的命令里面，最重要的是"模拟移动"，因为"模拟移动"需要我们在命令中指定一个坐标点，在执行这条命令的时候，鼠标指针也会移动到这个坐标点；移动之后，我们再使用"模拟单击"命令，模拟按下左键，才能正确地按下某个按钮；或者正确地在某个输入框上设置焦点，之后，再使用"输入文本"命令，才能在焦点所在的输入框里面输入一段文本。

比如，有一个输入框，其中间的坐标是 $x:200, y:300$。那么我们就需要先用"模拟移动"，并设定移动的坐标为 $x:200, y:300$；再用"模拟单击"按下左键，设置焦点；再用"输入文本"，才能正常输入。否则，直接用"输入文本"的话，很大概率就输入到其他输入框里面了。

这里，我们有必要先解释一下 Windows 操作系统的屏幕坐标系。如果您之前了解 Windows 的屏幕坐标系，这一段可以跳过不看。

在 Windows 操作系统中，屏幕上的每一点都有一个唯一的坐标，坐标由两个整数组成，一个称为 x，另一个称为 y。例如坐标 x:200, y:300 的含义就是这个点的坐标的 x 值是 200，y 值是 300。x 是以屏幕左边为 0 开始计算的，从左到右分别是 0,1,2,3,…，以此类推。y 是以屏幕上边为 0 开始计算的，从上到下分别是 0,1,2,3,…，以此类推。所以，坐标 x:200, y:300 所对应的点，其位置大致如下图中小圈所示：

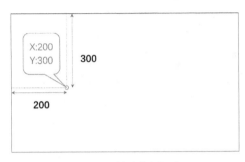

Windows 的屏幕坐标系

只要有 x 和 y 两个整数值，就可以确定屏幕上一个点的位置。在 UiBot 中，有一些命令可以获得屏幕上某点的位置，并输出到一个变量里。如何用一个变量来保存 x 和 y 两个值呢？我们在后面学习 UiBot 所使用的 BotScript 语言的时候会了解到，BotScript 中有"字典"数据类型，可以保存多个值。所以，UiBot 在输出一个点的位置的时候，会输出到一个字典类型的变量中。假设这个变量名为 pnt，则使用 pnt["x"] 和 pnt["y"] 即可得到坐标的 x 和 y 两个值。

假如我们要找的界面元素在屏幕上的固定位置，那么用固定的坐标，配合无目标命令，即可正常模拟操作。但这种情况往往比较少见，因为 Windows 是多窗口系统，每个窗口的位置都可以被拖动，导致窗口里面的界面元素的位置也会发生变化。而且，在微信这样的软件中，联系人的位置也不是固定的，而是根据最近联系的时间排序的，位置随时可能发生变化。

所以，在 UiBot 中，一般不推荐直接写固定的坐标，因为变化的情况太多了，很难一一考虑周全。通常，如果使用无目标的命令，需要搭配其他命令使用，让其他命令能根据某种特征，找到界面元素的坐标，然后把找到的坐标当作变量，传给这些无目标命令。

在 UiBot 中，无目标命令的最佳拍档，是图像命令。

4.3 图像命令

除常用的"鼠标""键盘"类命令之外，UiBot 的"图像"类命令也是很强大的。在 UiBot Creator 的命令区，找到"图像"，单击展开，可以看到其中包含了如下图所示的几个命令。

```
▼ 🖼 图像
    单击图像
    鼠标移动到图像上
    查找图像
    判断图像是否存在
    等待图像
```

UiBot Creator 里面列出的"图像"类命令

我们首先来看"查找图像"这条命令，其作用是：首先指定一个图像文件，格式可以是 bmp、png、jpg 等（推荐使用 png 格式，因为它是无损压缩的），然后在屏幕上的指定区域，按照从左到右，从上到下的顺序依次扫描，看这个图像是否出现在指定区域当中。如果出现，则把其坐标值保存在一个变量中，否则发生异常。

看起来好像很复杂，既要指定图像文件，又要指定扫描的区域。实际上，使用 UiBot Creator 的话，操作非常简单。

比如，著名的游戏平台 Steam，其界面就采用了 DirectUI 技术。我们以其登录对话框为例（见下图），其中的账户输入框、密码输入框、登录按钮等元素都无法被任何 RPA 工具直接获取到，这时候就需要用到图像命令。

Steam 的登录对话框

假设我们已经启动了 Steam，并打开了其登录界面，且 Steam 已经帮我们自动保存了邮箱的用户名和密码，只差单击"登录"按钮了。下面，在 UiBot Creator 中编辑一个流程块，并以双击或拖动的方式，插入一条"查找图像"命令，单击命令上的"查找目标"按钮：

使用"查找图像"命令

和有目标命令类似，UiBot Creator 也会暂时隐藏，图标会变成一个箭头和一张图片的样子。此时，按下鼠标左键，并向右下方拖动，直到画出一个蓝框，且蓝框中已经包含了要找的图像，松开鼠标左键，大功告成！

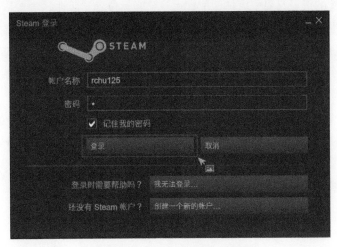

"查找图像"命令指定图像和查找范围

看起来，上面的操作只是画了一个蓝框，但是，UiBot Creator 已经帮我们做了两件事情：

1. 判断蓝框落在哪个窗口上，并记录这个窗口的特征，将来找图的时候，也需要先找到这个窗口，并在这个窗口的范围内找图。

2. 对蓝框所框住的部分截图，自动保存为一个 png 格式的文件，并自动把这个文件保存在当前所编写的流程所在目录的 res 子目录中。这就是将来要查找的图片。

用鼠标单击这条"查找图像"命令，将其置为高亮状态，右边的属性栏会显示出这条命令的属性，如下图所示：

"查找图像"命令的属性

其中，画红框的两条属性，也是最重要的两条属性，就是前面所说的，UiBot Creator 帮我们做的两件事情。其他各个属性里面，"相似度"是一个 0~1 之间的数字，可以包含小数位，这个数字越接近 1，UiBot 在查找图像时，越严格要求每个点都必须匹配上，通常取 0.9，表示允许出现一小部分不匹配的情况，只要大体匹配即可。"光标位置"属性的含义是，当找到图像时，由于图像是一个矩形，而命令输出只是一个点的坐标，究竟要返回矩形中的哪个点的坐标，通常取"中心"即可。"激活窗口"属性表示在找图之前，是否需要先把所查找的窗口放到前台显示。如果窗口被遮住了，即使窗口上有我们要找的图像，也无法正确找到，所以这个属性通常也设为"是"。

其他的属性通常不用改，保持默认值就好。在"输出到"属性中，已经指定了一个变量名 objPoint，如果成功地找到了图像，会把结果保存在这个变量中。我们来看看这个变量中保存了什么内容：在命令区的"基本命令"类中找到"输出调试信息"，将其插入到查找图像命令的后面，并且在属性中指定输出内容为 objPoint（注意 objPoint 不加双引号，否则会把"objPoint"当作字符串输出），如下图所示：

用"输出调试信息"查看结果

假设要查找的图像确实能在屏幕上看到，运行这个流程块后，得到结果：

`{ "x" : 116, "y" : 235 }`

具体的数值在不同的计算机上可能有所不同，但原理不变。这个值是一个"字典"数据类型，当这个值保存在变量 objPoint 中的时候，只需要写 objPoint["x"] 和 objPoint["y"] 即可得到其中的 x 和 y 值。

下面，得到了图像的中心位置，只需要用鼠标去单击这个位置，即可模拟 Steam 的登录操作了。选用"鼠标"类中包含的"模拟移动"和"模拟单击"命令，即可很好地完成任务。

如下图所示，"模拟移动"命令最关键的属性，就是要操作的屏幕位置，分别输入查找图像的结果 objPoint["x"] 和 objPoint["y"] 即可。移动完成后，再来一个"模拟单击"，让鼠标左键在登录按钮的中心点下去。至此，我们已经模拟出单击"登录"按钮的全套操作。

用"输出调试信息"查看结果

上面三条命令很容易看懂，即使是从来没有学过 UiBot 的用户，也能大致了解其含义。但是，仅仅为了点一个登录按钮，还需要三条命令才能完成，显然过于复杂了。这时候，请再回头看一下 UiBot 提供的"图像"类下的所有命令，其中第一条命令叫"单击图像"，它其实就是"查找图像""模拟移动""模拟单击"三条命令的组合，只要插入一条"单击图像"命令，并按下命令上面的"查找目标"按钮，拖动鼠标选择要查找的窗口和要查找的图像，即可快速完成模拟单击 Steam 的"登录"按钮的功能。虽然是无目标的命令，但其操作便捷程度并不逊于有目标的命令。

有了上述基础，对于其他几条图像类的命令，包括"鼠标移动到图像上""判断图像是否存在"等，您应该可以举一反三了，本文不再赘述。

4.4 实用技巧

在上一章中，我们学习了有目标的命令，而在这一章中学习了无目标的命令。其实，在大多数情况下，无目标命令也不是对着一个固定的屏幕位置进行操作，而是结合图像类命令，动态地在屏幕上找到要操作的位置。

那么，在具体完成一个流程任务的时候，该优先选择有目标的命令，还是优先选择无目标的命令呢？我们给出的答案是：优选有目标的命令！只要能获得恰当的界面元素作为目标，就应该优先考虑有目标的命令。因为无目标的命令，特别是使用无目标命令的过程中，依赖图像类命令，这些命令有以下缺点：

- 速度远远慢于有目标的命令；
- 可能受到遮挡的影响，当图像被遮挡时，即使只遮挡了一部分，也可能受到很大影响；
- 往往需要依赖图像文件，一旦丢失图像文件就不能正常运行；
- 某些特殊的图像类命令必须连接互联网才能运行。

当然，这些缺点也是可以部分缓解的，以下技巧能帮您更好地使用图像类命令：

首先，请牢记一个"小"字。在截图时，尽量截取较小的图像，只要能表达出所操作的界面元素的基本特征即可。在指定查找的区域时，尽量缩小区域。这样不仅速度会有所改善，而且也不容易受到遮挡的影响。比如下图中的"登录"按钮，没必要像左图一样，把整个按钮作为一幅图像来查找，只要像右图一样选择最关键的部分就可以了。

选择较小的截图

其次，大部分图像命令都支持"相似度"的属性，这个属性的初始值是 0.9，如果设置过低，可能造成"错选"，如果设置过高，可能造成"漏选"（"错选"和"漏选"的概念请参考上一章）。可以根据实际情况进行调整，并测试其效果，选择最佳的相似度。

再次，屏幕的分辨率和屏幕的缩放比例对图像命令可能有非常关键的影响。因为在不同的分辨率下，软件的界面显示可能完全不一样，导致图像命令失效。所以，请尽量保持运行流程的计算机和开发流程的计算机的分辨率、缩放比例都是一致的。在 Windows 10 操作系统上设置分辨率和缩放比例的界面如下图所示：

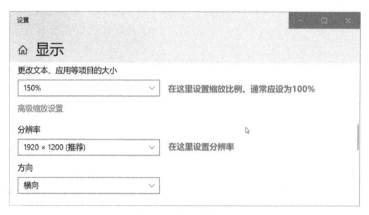

设置分辨率和缩放比例

最后，对于图像命令来说，经常需要和图像文件打交道。当需要使用图像文件时，我们固然可以用一个绝对路径来测试，如 D:\\1.png。但是，这就要求在运行此流程的计算机上，也必须在同一路径下有同样的文件，否则就会出错。有一个改进的方法，就是在您的流程所在的文件夹中，可以看到一个名为 res 的文件夹，把图像或其他文件放在这个文件夹中，并在流程中使用 @res"1.png" 来代表这个文件即可。这样的话，当前流程发布到 UiBot Worker 使用的时候，也会自动带上这个文件。并且无论 UiBot Worker 把这个流程放在哪个路径下，都会自动修改 @res 前缀所代表的路径，使其始终有效。

另外需要说明的是，本章所描述的图像类命令使用技巧，绝大部分也适用于 OCR 命令，关于 OCR 命令的概念和使用方法，我们会在后续章节中讲述。

4.5 智能识别

如前所述，虚拟机、远程桌面、基于 DirectUI 的软件、游戏等应用程序，无法直接使用有目标命令的"查找目标"功能定位界面元素。在这种情况下，只能使用无目标命令，前面已经介绍了图像命令，可以间接地操作界面元素，UiBot Creator 从 5.0 版本开始，支持智能识别功能，这是另一种基于图像进行界面元素定位的方法。我们先从一个具体实例来看看智能识别的用法。

打开 Windows 自带的画图程序，绘制一个矩形框，假设此时的需求是：通过 UiBot 找到并单击这个矩形框。

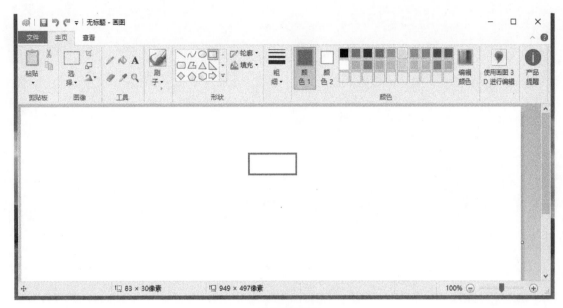

一个按钮的界面

如前所述，有目标命令是无法找到这个矩形框的，我们来看看如何通过智能识别命令找到并单击这个矩形框。在 UiBot Creator 的命令区，找到"界面操作"，单击展开，找到"智能识别"，再单击展开，可以看到其中包含了如下图所示的一组命令：

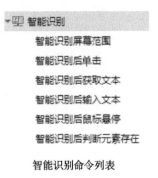

智能识别命令列表

首先插入一条"智能识别屏幕范围"命令，然后单击这条命令上的"查找目标"按钮，UiBot 的界面暂时隐藏起来了，出现了一个红边蓝底的半透明遮罩，鼠标移动到什么地方，这个目标选择器就出现在什么地方。细心的同学已经发现这个功能跟有目标命令的"查找目标"按钮的功能是一样的！

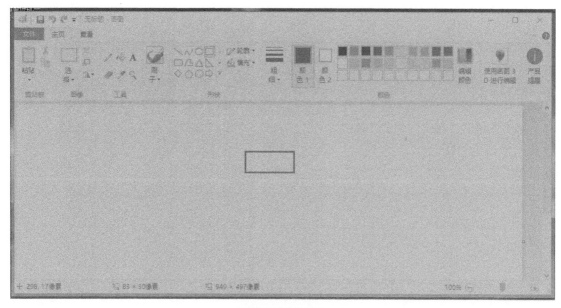

智能识别屏幕范围

选取完屏幕后,再插入一条"智能识别后单击"命令,然后单击这条命令上的"查找目标"按钮,这里的"查找目标"按钮的用法仍然与有目标命令的"查找目标"按钮相同。这个时候神奇的现象出现了:UiBot居然将刚才我们绘制的一个矩形框认出来了!

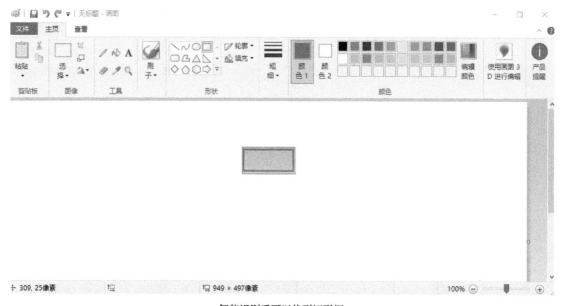

智能识别后可以找到矩形框

也就是说,通过"智能识别屏幕范围"命令,UiBot将原来无法识别的界面,通过人工智能图像识别,将界面中一个个潜在的元素给提取出来,并供后续的命令使用,这些后续命令包括"智能识别后单击""智能识别后获取文本""智能识别后输入文本""智能识别后鼠标悬停""智能识别后判断元素是否存在"等命令。从这个角度也可以理解,"智能识别后单击"等命令,必须在"智能识别屏幕范围"命令之后执行,且必须在"智能识别屏幕范围"命令的范围内才有效(在"智能识别屏幕范围"命令缩进范围内)。

智能识别多条命令组合使用

运行该流程,可以看到成功地单击了该矩形框。

如果用户界面中存在两个或两个以上外观相同的界面元素,UiBot 如何定位我们想要找的那个界面元素呢?我们还是通过具体实例来讲解:打开画图程序,把刚才绘制的矩形框再复制一份,这样画图界面中就同时存在两个一模一样的矩形框了,假设现在的需求是:通过 UiBot 找到并单击右边那个矩形框。

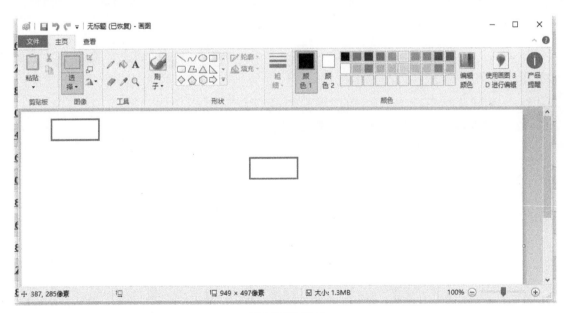

两个按钮的界面

这时,需要重新单击"智能识别屏幕范围"命令的"查找目标"按钮,因为需要识别的屏幕内容已经发生变化,需要对屏幕重新进行智能识别。从这个角度来看,"智能识别屏幕范围"命令其实是一个预先执行的静态命令,而不是流程运行过程中动态进行查找目标。所以一旦屏幕图像有变化,都需要对屏幕图像重新进行智能识别。

然后，再单击"智能识别后单击"命令的"查找目标"按钮。这个时候我们可以发现，两个矩形框都处于可以选择的状态。我们选择右边那个矩形框，此时右边矩形框被遮罩框遮住，同时有一条虚线，将右边矩形框与一个"形状"字样连接起来，如下图所示：

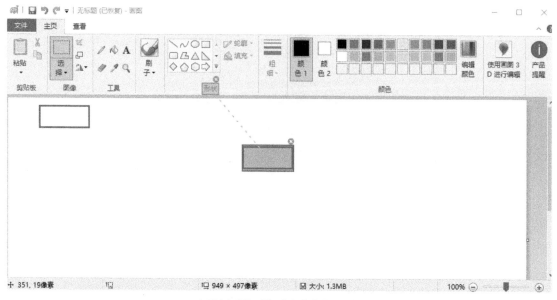

在两个相同矩形框中定位某个矩形框

原来，UiBot使用了一种叫作"锚点"的技术，来定位两个或多个外观相同元素的位置。所谓"锚点"，指的是屏幕中某个独一无二的元素（比如上述"形状"字样），利用不同矩形框相对于该锚点的位置偏移和方位角的不同，即可唯一地定位矩形框。

运行该流程，可以看到成功地单击了右边的矩形框。

第 5 章　软件自动化

在 RPA 流程中，我们经常需要对 Excel、Word 等办公软件，或者浏览器等常用软件进行自动化操作。当然，这些软件都有界面，也可以得到界面元素。理论上学习了有目标命令这一章，就可以对这些软件进行自动化操作了，但这样做起来会比较烦琐。因此，UiBot 特地把 Excel、Word、Outlook、浏览器、数据库等软件的自动化操作封装成为专门的命令，通过这些命令来操作，会比界面上的模拟更高效、更方便。比如，虽然我们可以通过界面模拟来模拟真人的操作，打开、读写一个 Excel 文档，但是这样非常麻烦，而通过 Excel 自动化的命令，只需要一条命令就可以做到。

用 UiBot 自动化操作这些软件之前，您的计算机需要安装相应的软件。对于 Excel、Word 自动化，需要安装 Office 2007 以上版本，或者 WPS 2016 以上版本；对于浏览器自动化，需要安装 Internet Explorer（IE）、Google Chrome 或者火狐浏览器。

本章假设读者对浏览器、Word、Excel、数据库等软件及相关知识已经有初步的了解，最好是在工作中使用过这些软件。如果还缺乏了解，市场上有大量书籍可以参考，本文不另行介绍。

5.1　Excel 自动化

Excel 是 Office 办公软件的重要组成成员，它具有强大的计算、分析和图表功能，也是最常用、最流行的电子表格处理软件之一。对 Excel 实现自动化，是 RPA 流程中经常遇到的场景。

在实现 Excel 自动化之前，我们先明确几个概念：**工作簿和工作表**。工作簿是处理和存储数据的文件，一个 Excel 文件对应一个工作簿，Excel 软件标题栏上显示的是当前工作簿的名字。工作表是指工作簿中的一张表格。每个工作簿默认包含三张工作表，分别叫 Sheet1、Sheet2、Sheet3，当然也可以删除或者新增工作表，就是说工作簿和工作表是一对多的关系。

Excel 中的工作表是一个二维表格，其中包含很多**单元格**，使用行号和列号可以确定一个单元格的具体位置，行号通常用 1,2,3,4…这样的数字序列表示；列号通常用 A,B,C,D…这样的字母序列表示。这样就可以用 **列号 + 行号** 来表示一个单元格，比如 B3 单元格，就是指第 3 行第 2 列交界位置的那个单元格。

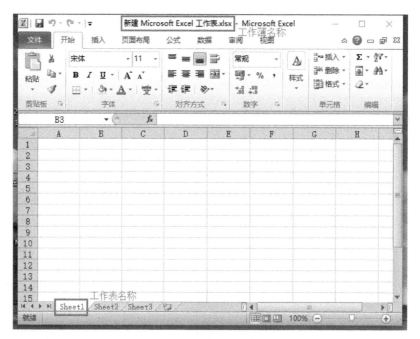

Excel 工作簿和工作表

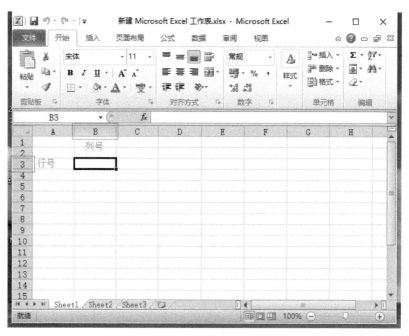

Excel 的行和列

用 UiBot 自动化操作 Excel 表格的时候，首先需要打开工作簿，后面的对工作表或单元格的各种操作，都是针对某个已经打开的工作簿进行的。另外，当自动化操作 Excel 表格结束以后，还需要关闭已经打开的工作簿。

我们来尝试用 UiBot 打开一个工作簿。在 UiBot Creator 的命令列表中，选中"软件自动化"并展开，再选中"Excel"并打开，排在第一位的就是"打开 Excel"命令，用这条命令可以打开一个 Excel 工作簿。

这条命令有三个属性，如下图所示。我们先看"文件路径"属性，这里需要指定一个 Excel 工作簿文件的路径，文件可以是 xls、xlsx、xlsm 等格式。前面说过，这个路径可以是绝对路径，也可以用诸如 @res" 模拟数据 .xlsx" 的格式来指代一个相对路径下的文件，相对的是您的流程所在的文件夹中，名为 res 的文件夹。另外，请注意在 UiBot 中，当字符串里出现 \ 符号时，应写为 \\。

属性	变量
必选	
输出到	objExcelWorkBook
文件路径	@res"模拟数据.xlsx"
是否可见	是

打开 Excel 工作簿

如果我们指定的工作簿文件存在，在流程运行的时候，会对这个文件进行操作。如果文件不存在，在流程运行的时候，会自动创建一个空白的 Excel 工作簿文件，并对这个新创建的文件进行操作。

下一个属性是"是否可见"，这是一个布尔类型的属性，其值只能是"是（True）"或者"否（False）"。当选择"是"的时候，这条命令会打开 Excel 软件，并且把这个工作簿显示出来。否则，可以在不显示 Excel 软件界面的情况下，仍然正常读取或修改这个工作簿文件的内容。

还有一条属性是"输出到"，这里必须填写一个变量名，这个变量指代了我们打开的 Excel 工作簿，我们称为一个"工作簿对象"。后面在对工作簿进行各种读取、修改操作的时候，仍然需要把这个变量填入到相应命令的"工作簿对象"属性中，表明操作是针对这个工作簿进行的。比如，上图中我们在打开工作簿的时候，"输出到"变量是 objExcelWorkBook，后续的 Excel 操作命令，其"工作簿对象"属性都需要填写 objExcelWorkBook。

我们来尝试读取这个工作簿的 Sheet1 工作表里面的 A1 单元格的内容。插入一条"读取单元格"命令，我们可以看到这条命令的属性如下图所示：

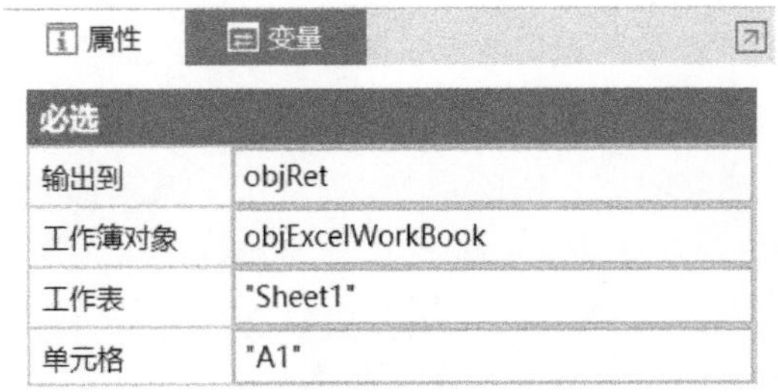

属性	变量
必选	
输出到	objRet
工作簿对象	objExcelWorkBook
工作表	"Sheet1"
单元格	"A1"

读取单元格

如上所述，这里的"工作簿对象"属性，应该和"打开 Excel 命令"的"输出到"属性是一样的，所以我们需要填写 objExcelWorkBook，表明我们是从刚才打开的工作簿中读取单元格内容。

"工作表"和"单元格"属性都采用字符串的形式（需要加双引号表示这是一个字符串），按照 Excel 的习惯来填写，这里我们分别填写 "Sheet1" 和 "A1"。

"输出到"属性中还需要填写一个变量名，表示把读取到的单元格内容输出到这个变量中。如果单元格的内容是数值，那么这个变量的值也会是一个数值；如果单元格的内容是字符串，那么变量的值自然也是字符串。

在我们的工作中，经常需要读取 Excel 工作簿的多个单元格里面的数据，如果用 UiBot 每次读取一个单元格，既低效又麻烦。实际上，强大的 UiBot 提供了"读取区域"的命令，可以一次性把一个矩形范围内所有单元格的内容全部读取出来。我们试着插入一条"读取区域"命令，它的属性如下图所示。

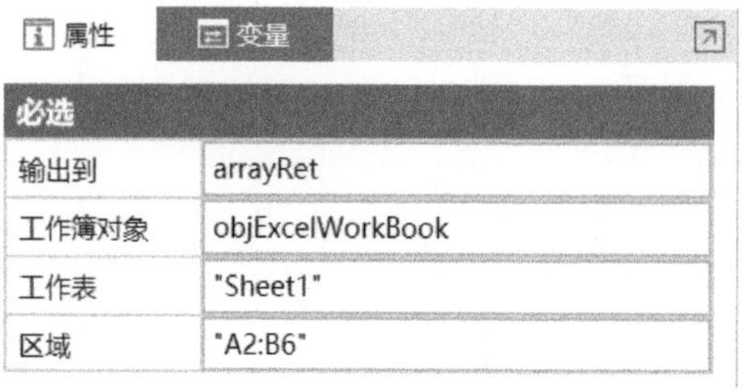

属性	
必选	
输出到	arrayRet
工作簿对象	objExcelWorkBook
工作表	"Sheet1"
区域	"A2:B6"

读取区域

从上图可以看出，"读取区域"命令与"读取单元格"命令相比，有两个属性完全一致，即"工作簿对象"和"工作表"，这两个属性表示需要读取哪个工作簿的哪个工作表的内容。

"区域"属性同样采用字符串的形式（需要加双引号表示这是一个字符串），同样按照 Excel 的习惯来填写，这里填写的是 "A2:B6"，表示读取的是从左上角 A2 单元格到右下角 B6 单元格，共计 6 行 2 列 12 条数据。

"输出到"属性中填写了一个变量名 arrayRet，读取到的内容将会输出到这个变量中。我们在"读取区域"命令之后，加入一条"输出调试信息"语句，将 arrayRet 这个变量的值打印出来。从输出信息可以看到，"读取区域"命令输出的是一个二维数组，例如：[[" 马花花 ", 123456], [" 刘弱西 ", 654321], [" 王兼邻 ", 987654], [" 马雨 ", 741258], [" 公孙永耗 ", 951753]]。

现在我们还不知道"数组""二维数组"是什么，这些概念会在后文中详细讲解，现在我们只需要知道：利用 Excel 的"读取区域"命令，可以将一个 Excel 表格某块区域内的数据全部读取出来，并放到了一个变量 arrayRet 中。

既然能读取，同样也能够写入。UiBot 同样提供了一系列的 Excel 写入命令来修改工作簿的内容。我们来尝试将上述工作簿的 Sheet1 工作表里面的 A7 单元格的内容写为"张三"。在"打开 Excel"命令之后插入一条"写入单元格"命令，我们可以看到这条命令的属性如下图所示：

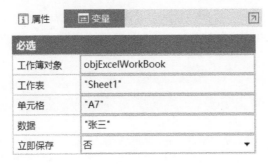

写入单元格

其中,"工作簿对象""工作表"和"单元格"三个属性的含义与"读取单元格"命令一致,表示本条命令操作的是哪个"工作簿对象"的哪个"工作表"的哪个"单元格"。

"数据"属性中填入的是即将写入单元格的数据,可以是数字常量、字符串常量,也可以是变量或者表达式。

Excel写入类命令,还有一个很重要的属性——"立即保存"属性,如果这个属性选择"是",那么写入操作会被立即保存,就好比我们手动修改Excel文件内容后,立即按"Ctrl+S"组合键进行保存一样;而如果这个属性选择"否",那么写入操作将不会被立即保存,除非单独调用一次"保存Excel"命令,或者在"关闭Excel"命令的"立即保存"属性选择"是",两种方法效果一样,都可以保存Excel修改的内容。

其他的Excel写入类命令的用法与"写入单元格"命令类似,在此不再赘述。需要注意的是:每个写入类命令的"数据"属性,必须与这条写入命令的写入范围一致,这样才能保证数据能够正确写入。就是说,写入一个单元格,"数据"属性就应该是一个单元格的数据;写入一行,"数据"属性就应该是一行单元格的数据(一维数组),且数组的长度与该工作表数据的列数相等;写入区域,"数据"属性就应该是几行几列单元格的数据(二维数组)。如果不一致,很容易报错或者出现写入Excel数据错位的情况。

5.2 Word自动化

与Excel类似,Word也是Office办公软件的重要组成成员。Word格式的文档几乎是办公文档的事实标准,对Word实现自动化,也是RPA流程中不可回避的一环。

同样地,用UiBot自动化操作Word文档的时候,首先需要打开这个Word文档,后面对文档内容的各种操作,都是针对这个已经打开的文档进行的。当操作Word文档结束以后,还需要关闭已经打开的文档。

我们来尝试用UiBot打开一个Word文档。在UiBot Creator的命令列表中,选中"软件自动化"并展开,再选中"Word"并打开,排在第一位的就是"打开文档"命令,用这条命令可以打开一个Word文档。

这条命令有五个属性,如下图所示。我们先看"文件路径"属性,这里需要指定一个Word

文件的路径，文件可以是 doc、docx 等格式，其他注意事项与上一节的"打开 Excel"命令的"文件路径"属性一致。这里我们打开的是 res 目录下的 模拟文档.docx 文件。

打开 Word 文档

接下来是"访问时密码"和"编辑时密码"两个属性，这是什么意思呢？有时候，出于隐私的考虑，我们的文档不希望他人能够打开，或者打开后不能修改，因此就给 Word 文档设置密码，密码分为两个：一个叫"访问密码"，输入正确的访问密码就可以打开这个文档；一个叫"编辑密码"，输入正确的编辑密码就可以修改这个文档。这里的"访问时密码"和"编辑时密码"两个属性就是用来自动化访问带密码的 Word 文档的。如果所操作的 Word 文档没有设置密码，那么这两个属性保持为 "" 不变即可。

"是否可见"属性与"打开 Excel"的"是否可见"属性含义相同，表示的是：在进行 Word 文档自动化操作时，是否显示 Word 软件界面。

还有最后一条"输出到"属性，与"打开 Excel"的"输出到"属性含义类似，这里必须填写一个变量名，这个变量指代了我们打开的 Word 文档，后面在对该文档进行各种读取、修改操作的时候，仍然需要把这个变量填入到相应命令的"文档对象"属性中，表明操作是针对这个打开的文档进行的。比如，上图中我们在打开文档的时候，"输出到"变量是 objWord，后续的 Word 操作命令，其"文档对象"属性都需要填写 objWord。

接下来，我们读取这个 Word 文档的内容。在"打开文档"命令之后，插入一条"读取文档"命令，这条命令的属性如下图所示：

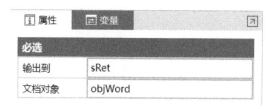

读取 Word 文档

如上所述，"文档对象"属性和"打开文档"的"输出到"属性一致，都为 objWord，表明我们是从刚才打开的文档中读取内容。

"输出到"属性填写了一个变量名 sRet，表示把读取到的内容输出到变量 sRet 中。我们再添加一条"输出调试信息"命令，将 sRet 的内容打印出来，运行后，可以看到如下结果：

```
输出
[08:05:35]uibot595a9ef0a8f88.task 第6行："这是一段文字这也是一段文字这还是一段文字表头1□表头2□表头3□□数据1□数据2□数据3□□/"
```

读取 Word 文档的输出结果

我们打开原始文档来对比一下，可以看到：原始 Word 文档包括文字、表格和图片，且文字带格式信息，"读取文档"命令会将文档中的文字内容全部读取出来，但是暂时不支持读取文字的格式、表格的状态和图片。

原始 Word 文档

"读取文档"命令操作的是整个文档，类似命令还有"重写文档""保存文档""文档另存为""关闭文档""获取文档路径"等，这些命令都是对整个文档的操作。如果需要对文档进行更细粒度的操作，就需要涉及 Word 中一个重要的概念：**焦点**。所谓焦点，指的是当前选中的区域，这块区域在 Word 中通常会高亮显示；如果没有选中区域，当前光标位置即为焦点。即："焦点"="选中"或"光标"。Word 的操作大都针对焦点进行，例如，要改变一段文字的字体，首先要选中这段文字，才能修改文字的大小、颜色、样式等；在 Word 中插入文字、图片等内容，也需要先将光标移动到插入点。

我们来看看 UiBot 中如何实现焦点的设置和切换。插入一条"设置光标位置"命令，这条命令可以将光标焦点设置到指定位置。这条命令有三个属性："文档对象"属性，就是上文所述的文档对象 objWord；"移动次数"属性需要与可选属性中的"移动方式"属性配合使用，指的是光标按照"移动方式"移动多少次,"移动方式"属性有三个选项,分别是"字符""行"和"段落",分别代表光标向右移动一个字符、向下移动一行和向下移动一个段落。在这里,"移动方式"设置为"行","移动次数"设置为2,表示焦点设置为初始焦点下移两行,也就是第三行。需要注意的是:移动次数不能为负数,也就是说,光标不能向左移动、向上移动。

设置焦点

我们再插入一条"选择行"命令,这条命令可以选中特定的行。这条命令有三个属性:"文档对象"属性,就是上文所述的文档对象objWord;"起始行"属性和"结束行"属性限定了选中的范围,在这里,"起始行"设置为1,"结束行"设置为2,表示选中第1行到第2行,一共2行。

选择行

但是,在实际的应用中,单独使用"设置光标位置"命令和"选择行"命令进行光标焦点的设定,实际效果并不好,这是为什么呢?原来,Word虽然是一个所见即所得的可视化图文混排软件,但是Word中同样存在一些看不见的格式标记,这些格式表示或多或少会影响Word文档中"字符""行"和"段落"的计算,导致焦点定位不准的问题。那如何来解决这个问题呢?这里教给大家一个小技巧:首先,我们在Word文档中,需要插入或者编辑的地方设置一个特殊的标记,例如插入名称字段,就设置在Name;然后,使用"查找文本后设置光标位置"命令,这条命令有两个关键属性,一个是"文本内容"属性,填写前面的Name即可,一个是相对位置属性,选择"选中文本",这样就可以找到Name这个标记并选中这个标记的内容;最后,使用"写入文字"命令将选中内容替换成需要的内容。我们可以在Word文档中多设置几个这样的特殊标记,然后重复利用"查找文本后设置光标位置"命令,达到Word文档填写的目的。

继续前述内容,将光标移动到指定位置或者选中指定内容后,就可以执行具体的编辑操作了,包括插入内容、读取内容、删除内容、设置内容的格式、剪切/复制/粘贴等,我们这里以"设置文字大小"命令为例。在"选择行"命令之后，插入一条"设置文字大小"命令。这条命令有两个属性："文档对象"属性，就是上文所述的文档对象 objWord；"字号大小"属性指定选中文字的字号大小，在这里，"字号大小"设置为 9，表示选中文字的字号大小统一设置为 9。

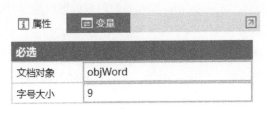

设置文字大小

5.3 浏览器自动化

浏览器的自动化是软件自动化的一个重要组成部分，从特定上的网站上抓取数据、自动化操作 Web 形态的业务系统都需要基于浏览器进行自动化操作。

首先，我们需要打开一个浏览器，这个功能是通过"启动新的浏览器"命令来实现的。当然，如果计算机此时已经打开了一个浏览器，我们也可以直接利用这个打开的浏览器进行后续操作，此时，只需要一条"绑定浏览器"命令，其效果和"启动新的浏览器"命令是一样的。

启动新的浏览器

"启动新的浏览器"命令的属性如下："浏览器类型"属性指定启动哪个浏览器。UiBot 目前支持 IE 浏览器、Google Chrome 浏览器、火狐浏览器、UiBot 自带浏览器四种浏览器，其中，前三种浏览器需要你的电脑提前安装好，UiBot 自带浏览器是 UiBot Creator 5.0 版本后自带的浏览器。在这里，我们选择的是"UiBot Brower"，即 UiBot 自带的浏览器。相比其他三种浏览器，UiBot 浏览器有如下优点：第一、无须安装任何浏览器扩展，即可选取目标元素（Google Chrome 和 Firefox 都需要安装扩展，在这个过程中，有时候会有一些意外的情况发生，例如被杀毒软件拦截等）；第二、UiBot 浏览器可以选取到跨域网页中的目标元素（使用其他浏览器登录网易、QQ 等邮箱时无法找到用户名和密码输入框）；第三、UiBot 浏览器可以直接调用所访问页面内的 JavaScript 方法。基于上述优点，我们推荐优先使用 UiBot 浏览器。当然，也有些比较特殊的网站，只能使用特定的浏览器才能正确打开和操作，比如某些国内银行网站、某些政府网站等，都只能使用 IE 浏览器才能正确打开和操作，这个时候，"浏览器类型"属性就只能选择"IE 浏览器"了。

"打开链接"属性表示打开浏览器时，同时打开哪个网址。在这里填写的是 "www.baidu.com"，表示打开浏览器时，同时打开百度网站。当然，这里也可以暂时不填，后面再使用"打开网页"命令单独打开一个网址。

"超时时间"属性的意思是，如果出现异常情况，比如浏览器找不到，或者指定的链接打不开时，UiBot 会反复进行尝试，直到超过指定的时间，也就是"超时时间"。

有两个可选属性也比较常用：一个是"浏览器路径"属性。有时候，我们会在同一台电脑上安装了两个不同版本的浏览器软件，这时，我们可以通过指定"浏览器路径"属性来打开某个特定版本的浏览器。如果不指定这个属性，系统会去浏览器默认安装目录下查找并启动浏览器软件；另一个是"浏览器参数"属性，我们知道，浏览器其实是非常强大的，浏览器除了能够默认启动，还可以通过自定义启动参数，包括默认打开某些网页、展现方式（全屏等）、启用或禁用某些功能等，来启动一个个性化的浏览器。具体每种浏览器可以配置哪些启动参数，请参见相应的说明文档。

启动浏览器后，就可以针对浏览器及浏览器中显示的网页进行一系列的操作，我们可以浏览网页、在网页中输入文字、单击网页中的链接和按钮等。比如，打开了百度网站，我们可以在百度主页的输入框中，输入"UiBot"，并单击"百度一下"按钮，就可以得到"UiBot"在百度中的搜索结果。这些操作都可以通过前面章节的"有目标命令"完成，搜索结果也可以通过"数据处理"命令进行处理，完成数据抓取、数据分析等功能，这一块功能将在后续教程"数据处理"中详细讲解，这里就不再展开。

5.4 数据库自动化

一个信息系统中，最重要的就是数据，现在，几乎所有的信息系统都将数据存储在数据库中。除使用客户端访问数据库之外，有时候，也需要直接对数据库进行访问和操作，因此，针对数据库的自动化操作也成为了 RPA 中不可或缺的一环。所谓数据库自动化操作，指的是在保证数据安全的前提下，直接使用用户名和密码登录数据库，并使用 SQL 语句对数据库进行操作。关于 SQL 的基础知识，请参见网络上的 SQL 教程。

我们来看一下具体如何操作数据库。首先，需要连接数据库。在"软件自动化"的"数据库"目录下，选择并插入一条"创建数据库对象"命令，该命令将创建一个连接指定数据库的数据库对象。

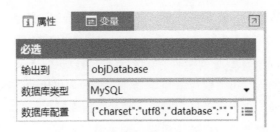

创建数据库对象

"创建数据库对象"命令有三个属性:"数据库类型"属性指定了创建的数据库对象的类型,UiBot 目前支持 MySQL、SQL Server、Oracle、Sqlite3 四种数据库类型。"数据库配置"属性是一个字符串,这个字符串描述了创建数据库对象时的一些关键信息。这个字符串比较长,也不太容易看懂,不过没关系,点开这个属性可以看到,"数据库配置"属性由一些子属性组成。

数据库配置

第一个"charset",指的是数据库的字符集,我们保持默认"utf8"不变即可;第二个"database",指的是我们连接的数据库的名称;"host"和"port"指的是数据库的地址和端口号,这里我填的是"192.168.0.1"和"3306",表明数据库可以通过"http://192.168.0.1:3306"进行访问;"user"和"password"指的是访问数据库的用户名和密码;通过配置上述几个参数,就可以成功创建数据库对象。

当然,每种类型的数据库,其参数可能不完全相同,比如 Oracle 数据库,没有"database"参数,只有"sid"参数,但是其含义是类似的。Sqlite3 数据库跟另外三个数据库差别比较大:MySQL、SQL Server、Oracle 是典型的关系型数据库,而 Sqlite3 是文件型数据库,因此 Sqlite3 的"数据库配置"属性,只有"filepath"一个子属性,指明了所操作的 Sqlite3 数据库文件的路径。

"输出到"属性,这个属性填写一个变量名,这个变量会保存创建的数据库对象,在这里我们填写 objDatabase,后续的所有数据库操作都针对 objDatabase 数据库对象进行。

成功创建数据库对象后,接下来可以对数据库进行操作了。UiBot 提供两种数据库操作:一种是查询数据，对应"执行单 SQL 查询"和"执行全 SQL 查询"两条命令；一种是对数据库、表和表中数据进行修改，对应"执行 SQL 语句"和"批量执行 SQL 语句"两条命令。

我们先来看看"执行单 SQL 查询"命令，这条命令可以执行一条 SQL 查询语句，并且返回查询到的第一条结果。插入一条"执行单 SQL 查询"命令，可以看到这条命令有三个属性：一个是"数据库对象"属性，这个属性填入刚刚得到的数据库对象 objDatabase；一个是"SQL 语句"属性，这个属性填入将要执行的查询语句，这里填入的是 "select * from table1"，意思是查询 table1 表的所有数据，并返回第一条结果；第三个属性是"输出到"属性，这里填入一个变量 iRet，表示 SQL 语句的执行结果，我们通过判断 iRet 的值来判断 SQL 语句是否成功执行。

执行单 SQL 查询

最后切记，一定要记得使用"关闭连接"命令，关闭数据库连接。这条命令的唯一属性——"数据库对象"属性，填入数据库对象 objDatabase，即可关闭数据库连接。

关闭连接

第 6 章 逻辑控制

前文中我们讲过,一个流程块通常包含多条命令,在前面的例子中,流程块中的多条命令都是一条一条按顺序来执行的,比如一个流程块完成 Excel 数据写入的功能,依次执行了"打开 Excel""读取单元格""保存 Excel""关闭 Excel"四条命令。通常,我们把这种顺序执行的流程结构叫作顺序结构。但是实际的 RPA 场景远比这种情况要复杂,本章介绍稍微复杂一点的流程结构,以及在 UiBot 中如何使用逻辑控制来实现这些复杂一点的流程结构。

6.1 条件分支

首先介绍的这种流程结构叫作条件分支。什么叫作条件分支呢?顾名思义,指的是流程结构运行到某一步骤时,按照一定的条件进行分支:当条件满足时,按照其中一条分支走下去;当条件不满足时,按照另一条分支走下去。

我们来看具体的命令用法。在 UiBot Creator 的命令列表中,选中"基本命令"并展开,再选中"语法词法"并打开,找到"条件分支",用这条命令就可以建立一个条件分支。

条件分支命令

在 UiBot 的命令组装区,可以清晰地看到"条件分支"的详细用法。条件满足时的分支处写着:如果"条件成立",则下方用虚框写着提示语此处可插入执行命令,我们在此处插入一条"输出调试信息"命令,这条命令输出内容"条件成立时,输出这条消息";条件不满足的分支处写着:否则,下方用虚框写着提示语此处可插入执行命令,我们在此处插入一条"输出调试信息"命令,这条命令输出内容"条件不成立时,输出这条消息"。这个时候命令组装区变成这个样子:

条件分支命令 — 添加输出调试信息

我们试着运行一下,果然出错了。

条件分支命令 — 运行结果

为什么出错?因为这个时候,"条件分支"命令最重要的属性"判断表达式",我们还根本没有填写,好吗!打开"条件分支"命令的属性区,"判断表达式"属性处,UiBot 帮我们默认填了一个文字版的条件成立,但这仅仅是个提示罢了,我们要把条件成立这句话替换成真正的条件表达式。

条件分支命令 — 条件表达式

在这里,"判断表达式"属性是一个布尔类型的属性,其值只能是"真(True)"或者"假(False)",这个值可以通过常量、变量或者表达式得到,这些概念我们暂时还没讲到,没关系,后面会详细讲解,现在我们只需要记住这里可以填写布尔类型的常量、变量或者表达式即可。出于演示的考虑,这里我们填写 True。

条件分支命令 — 条件表达式为真

这个时候,我们发现命令组装区,条件满足时的分支处写着:如果 真,则表明"判断表达式"属性已经生效。运行这条命令,得到正确结果,输出调试信息:"条件成立时,输出这条消息"。

需要说明的是，"条件分支"命令的两条分支，是两个命令块。在命令块中，根据需要，可以放置一条命令，也可以顺序放置多条命令，当然也可以一条命令都不放，空着。使用"条件分支"命令时，"条件不成立"这条分支不填写内容，也是一种常见的用法。

6.2 循环结构

我们再来介绍另一种重要的流程结构，叫作循环结构。什么叫作循环结构呢？顾名思义，指的是流程按照一定的规则循环执行。按照循环规则的不同，又可以分为计次循环、条件循环两种，遍历数组和遍历字典其实也是两种特殊的计次循环，但是由于现在我们还没讲到数组和字典，因此遍历数组和遍历字典也放到后面再讲。

6.2.1 计次循环

先来看看计次循环。在 UiBot Creator 的命令列表中，选中"基本命令"并展开，再选中"语法词法"并打开，找到"计次循环"，用这条命令就可以建立一个计次循环。将"计次循环"命令添加到命令组装区后，我们再在循环体内添加一条"输出调试信息"命令，这条命令会把"索引名称" i 依次作为调试信息输出。

计次循环

这里引出了"索引名称"的概念。我们打开"计次循环"命令的属性列表框可以看到，"计次循环"命令有四个属性："索引名称"是用来计次的数值，这里用变量 i 表示，i 在循环体中也可以使用（上面的例子中我们就将 i 依次显示出来）；"初始值"和"结束值"标定了循环的范围，"步进"默认值为 1，也可以修改为其他值。这三个值合起来的含义是：i 从"初始值"开始，每循环一次自动增加"步进"的值，直到大于"结束值"，循环才会结束。我们运行这条命令，可以看到，打印出 0 到 10，循环一共执行了 11 次。

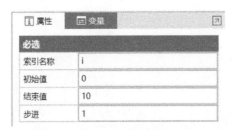

计次循环的属性

6.2.2 条件循环

再来看看条件循环。在 UiBot Creator 的命令列表中，选中"基本命令"并展开，再选中"语法词法"并打开，找到"条件循环"，用这条命令就可以建立一个条件循环。将"条件循环"命令添加到命令组装区后，我们再在循环体内添加一条"输出调试信息"命令，这条命令输出内容"条件为真，继续循环"。

计次循环

"条件循环"命令的属性区与"条件分支"一样，有且只有一个属性："判断表达式"。"判断表达式"为真，循环才会执行，为了让循环执行起来，我们在"判断表达式"处填入 True。

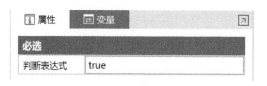

计次循环

执行"条件循环"命令，我们发现，会一直不停地输出字符串"条件为真，继续循环"，而不会自动停止。需要我们单击 UiBot Creator 工具栏的"停止"按钮，才能强行停止流程的执行。回到"条件循环"命令的定义，所谓"条件循环"，指的是：满足一定条件时，将会循环执行某一语句块。相应地，如果条件不满足，将不会执行那个语句块。在刚才的示例中，我们为了让循环执行起来，我们在"判断表达式"属性处填写了一个固定的布尔值 True，而这个值不会随着循环变化，因此"判断表达式"一直为真，循环也无休无止地运行下去。

那怎么来解决这个问题呢？第一种方法，UiBot 提供了多种跳出循环的命令，包括"继续循环""跳出循环""跳出返回"和"退出流程"等。这个我们接下来马上就会讲到；第二种方法，也是更加通用的做法，在"判断表达式"中填入一个表达式，最开始这个表达式的值为真，随着循环的进行，表达式的值不断发生变化，当循环达到某种状态时，表达式不再为真，这个时候循环就结束了。

我们来举个例子：首先定义一个变量 a，并给这个变量赋初值为 1；然后在"判断表达式"中填入 a<5，一开始这个表达式是成立的（因为这个时候 a 等于 1），循环开始执行；接着在循环中给 a 的值加上 1；就这样，经过几次循环后，a 的值不再小于 5，循环随之退出。

同样需要说明的是，不管是"计次循环"还是"条件循环"，其循环体都是命令块。命令块中可以放置一条命令，也可以顺序放置多条命令，命令块中的命令也可以是"条件分支"命令或者"计次循环""条件循环"本身，即逻辑控制命令是可以嵌套的，这是一个非常重要的概念。

6.3 循环的跳出

我们在上一节说过，UiBot 提供了多种跳出循环的命令，包括"继续循环""跳出循环""跳出返回"和"退出流程"等命令。其中有些命令不仅可以用于循环的跳出，甚至可以用于流程块和流程的退出。下面我们就分别来讲解一下。

首先是"继续循环"命令，所谓"继续循环"，指的是在执行循环体的过程中，不再执行本次循环，而是在终止本次循环后，跳回到循环体开始处，继续执行下一次循环。

继续循环

其次是"跳出循环"命令，所谓"跳出循环"，指的是在执行循环体的过程中，不再执行循环命令，而是直接跳出循环体，继续执行循环语句后面的命令。

跳出循环

再次是"跳出返回"命令，所谓"跳出返回"，指的是在执行循环体的过程中，不再执行循环命令，而是直接跳出所在的流程块，并返回 retValue 这个值。

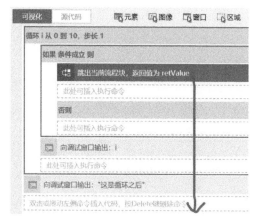

跳出返回

最后是"退出流程"命令，所谓"退出流程"，指的是在执行循环体的过程中，不再执行循环命令，而是直接退出流程，中止流程的执行。

退出流程

需要注意的是："跳出返回"命令和"退出流程"命令不仅可以用于循环体当中，也可以用于条件分支和顺序结构中，也就是说流程块的任何位置，只要有需要，都可以随时通过"跳出返回"命令和"退出流程"命令，达到跳出本流程块和退出流程的目的。

第 7 章 UiBot Worker

在前面章节我们讲过，一般 RPA 平台至少会包含三个组成部分：开发工具、运行工具和控制中心，在 UiBot 中，这三个组成部分分别叫作 UiBot Creator、UiBot Worker 和 UiBot Commander，如下图所示：

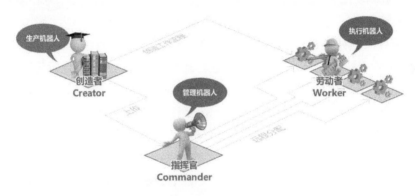

UiBot 的三个组成部分

很多缺乏开发经验和实施经历的 RPA 初学者，几乎都会问这样一个问题：对于开发一个流程而言，UiBot Creator 已经能够完成绝大部分开发功能；而对于运行一个流程而言，UiBot Creator 也能够手动执行单次流程。既然 UiBot Creator 已经能够完成从开发到调试、从部署到维护的几乎所有 RPA 流程相关功能，为什么还需要用 UiBot Worker 和 UiBot Commander？或者说，UiBot Worker 和 UiBot Commander 到底能为企业带来哪些额外的价值？

要回答这个问题，还是要回到 RPA 机器人流程自动化的初衷和原始概念。我们说 RPA 是虚拟员工、是数字劳动力，是企业雇佣一些数字员工替代人类员工来完成一些机械重复而又烦琐的工作。那么问题来了：一家正规的企业雇佣一名员工，是否会不加管理而放任其随意工作？肯定不会！在企业中，对员工的工作普遍有以下几点要求：第一、任务的贯彻执行。这就要求员工接受上级领导的指令和任务，完成上级领导布置的任务，保证企业朝着同一个目标努力；第二、员工之间的配合。多个不同层级、不同部门的员工协调配合，共同完成一个复杂的任务；第三、监督和管理机制。在工作的过程中，需要有一定的机制进行监督和管理，当出现异常的时候需要及时处理。而上述几点功能，仅仅使用 UiBot Creator 是无法完成的，而这正是 UiBot Worker 和 UiBot Commander 的功能点和亮点所在。

因此，如果你只是用 RPA 完成一些个人事项，虽然这些事项也是一些机械重复而又烦琐的工作，但是既不是上级派发给你的，也不需要他人配合，更不需要监督和管理，即使出错也不是那么要紧，那么使用社区版免费的 UiBot Creator 就可以了，在某些领域，例如游戏领域，我们甚至推荐使用按键精灵完成类似任务。而如果你是在一家企业实施 RPA 项目，那么 UiBot Worker 和 UiBot Commander 则是不可或缺的。下面我们就先介绍 UiBot Worker 的用法，后续教程再来介绍 UiBot Commander。

7.1 三种工作方式

首先，我们要给出一个非常重要和基础的概念：工作方式。根据 UiBot Worker、UiBot Commander 和 UiBot Creator 三者配合方式的不同，UiBot Worker 有三种不同的工作方式，具体体现在 UiBot Worker 软件中，是三种不同的许可类型，分别叫作：**人机交互 - 绑定机器**、**人机交互 - 绑定用户**、**无人值守**。

第一种许可类型，叫作"人机交互 - 绑定机器"，它指的是一个 Worker 与一台计算机的机器码进行紧密绑定，这个 Worker 只能运行在这台计算机上，且一旦绑定就无法更改。这种情况下不需要 Commander 对 Worker 进行管理，多个 Worker 之间也无法协同工作共同完成复杂的任务。

"人机交互 - 绑定机器"模式下，多个 Worker 之间无法协同工作，而企业中更多的场景是多个 Worker 共同完成同一个任务，因此引出第二种许可类型，叫作"人机交互 - 绑定用户"。在"人机交互 - 绑定用户"工作方式下，有一个 Commander 指挥官作为整体的协调者，任务统一由 Commander 下发到 Worker，Worker 再根据自身的情况进行执行。在这个过程中，用户只需要用指定的用户名登录，Worker 是通过用户名（而不是机器码）与 Commander 进行交互，因此 Worker 可以不拘泥于某台特定的计算机，而是可以根据计算资源的情况，合理部署，统一调度。

第三种许可类型，叫作"无人值守"，这是什么意思呢？第二种"人机交互 - 绑定用户"方式，虽然 Worker 的任务是由 Commander 派发的，但是 Worker 还是具有一定的自主能力，可以进行"手动执行流程""流程编组""计划任务"等操作。而有时候，我们不需要这些自主能力，只需要员工忠实地执行 Commander 的发号施令即可，这种情况下使用"无人值守"许可类型即可。在"无人值守"工作方式下，Worker 受 Commander 控制，忠实地执行 Commander 的指令。

7.2 流程的发布和导入

首先来看一下如何将流程从 Creator 导入到 Worker 中。第一步，导出 Creator 中的流程，这里需要使用企业版的 UiBot Creator，打开一个流程，在其工具栏会有"发布"按钮。单击此按钮后，在弹出的"发布流程"对话框中，依次填写流程名称、使用说明，选择图标后，可以将脚本发布为扩展名为 .bot 的文件。需要注意的是：一般来说，流程的使用者与流程的开发者通常不是同一个人，而流程的使用者无法看到流程的细节（也不应该让最终用户看到流程的代码细节），只能通过流程开发者填写的流程名称、使用说明、图标来区分不同的流程，因此，需要仔细填写这些信息，这在流程数量比较多的情况下更加重要。

第二步，将导出的 .bot 文件导入到 Worker 中。这里有两种导入方式：第一种方式叫"本地导入"。在 Worker 主界面，单击"我的流程"标签，再单击"+ 本地流程"按钮，在弹出的"选择要添加的流程"对话框中，选择刚刚导出的 .bot 文件，即可将该流程加入到 Worker 中。"人机交互 - 绑定机器"和"人机交互 - 绑定用户"方式支持本地导入的方式，"无人值守"不支持。第二种方式叫"线上流程导入"。在 Worker 主界面，单击"我的流程"标签，再单击"+ 线上流程"按钮，弹出一个新页面，该页面列出 Commander 分配给该 Worker 的流程列表，用户可以有选择性地将流程添加到"我的流程"中。"人机交互 - 绑定用户"支持线上流程导入。"无人值守"支持接收 Commander 推送过来的流程。

7.3　流程运行和计划任务

流程成功导入 Worker 后，单击"我的流程"标签，可以浏览该 Worker 中拥有的所有流程。单击流程右边的"开始运行"按钮，即可立即运行一个流程。

除了立即运行一个流程，UiBot Worker 还提供了"计划任务"功能，可以有计划地、有选择性地执行流程。Worker 提供了四种计划任务方式：单次运行、按日期、按周、按月，这些计划任务方式都可以更细粒度地开始时间、执行频率、生效失效时间等。

"人机交互 - 绑定机器"和"人机交互 - 绑定用户"支持流程的手动运行和计划任务方式，对于"无人值守"方式，需要在 UiBot Commander 上设置其运行方式，而不能在 Worker 中直接设置。

7.4　流程编组

通过上述两个步骤，流程已经导入 Worker，可以手动运行流程，也可以按照一定的计划任务执行。那么为什么还需要流程编组呢？在某些场景下，多个流程之间存在依赖关系，例如，流程 B 需要流程 A 先执行完成，才能继续执行。一种做法是使用计划任务，添加计划 A 和计划 B，其中计划 A 是上午 10∶00 执行流程 A，计划 B 是上午 10∶05 执行流程 B。这个计划任务看似合理，但是有可能出现一些异常的情况，导致流程 A 没有在 10∶05 正常执行完成，而此时计划 B 已经启动了。

虽然从技术上来说，让 UiBot 在一台电脑上同时运行多个流程也是可以的，但同时运行多个流程的话，如果它们同时操作某个软件，在被操作的软件上很容易造成冲突，所以我们并不推荐多个流程同时运行。那怎么解决呢？一种做法是，加大流程 A 和流程 B 的执行时间间隔。应该说，把时间间隔取大的方法，大部分情况是能够解决的，但是万一还是不能解决呢？另外，如果流程 A 和流程 B 之间的时间间隔过长，中间又不能做其他任何事情，造成了极大的数字劳动力的浪费，本来利用数字劳动力就是为了提高生产力，如果因为利用数字劳动力反而造成了工作效率的降低，那就得不偿失了。

因此，UiBot Worker 贴心地提供了流程编组的功能。所谓"流程编组"，指的是将两个或多个有依赖关系的流程放置到一个编组中，编组中的流程顺序执行，一个流程执行完，再顺序执行下一个流程。这样，流程与流程之间，既不会出现冲突，也不会出现等待。这样就完美地解决了流程依赖的问题。

需要注意的是，可以把流程编组当作普通流程看待，也就是说，流程编组既可以直接立即运行，也可以通过计划任务安排运行，和普通的流程是一样的。

7.5 运行记录

Worker 提供了运行记录的查看功能。单击 Worker 主界面的"运行记录"标签，即可进入运行记录页面。单击对应运行记录后面的"查看详情"链接，可以查看本次流程运行过程中产生的日志。如果运行记录过多，在运行记录界面下方，可以翻页查看更早的运行记录。

7.6 设置和扩展

Worker 提供了设置功能。单击 Worker 主界面的"设置"标签，即可进入设置页面。几个设置项的含义如下：

- 运行记录存放目录选项用于存储运行日志，所有流程运行过程中产生的日志都会存储在这个文件夹下；
- 运行时录制视频选项勾选后，流程运行过程中，会录制运行视频，便于之后查看运行过程与排查错误；
- 开机时启动选项勾选后，电脑启动时会运行 UiBot Worker，还可以设置开机时默认启动哪个流程；
- 更换激活码，可以更换 Worker 的工作方式。

另外，由于运行时的需要，Worker 所在的计算机，也需要安装扩展，才能正常运行与 Chrome 浏览器、Firefox 浏览器、Java 程序相关的流程，因此，Worker 中也集成了扩展安装功能，这个与 Creator 是一致的。

7.7 小结

恭喜您！您已经完成了 UiBot 开发者初级教程的学习！

通过初级教程的学习，您已经掌握了 UiBot 最基础的概念和最基本的操作，已经能够编写最简易的流程。快去 UiBot 官网免费参加 UiBot 开发者认证，检验一下自己的学习成果吧！

当然，如果您想更进一步深入学习 UiBot，我们也为您准备好了 UiBot 开发者中高级教程，您将学习到 UB 编程语言、数据处理、网络和系统、人工智能、命令扩展等更多实用和高级的功能，继续加油吧！

进阶篇

- 第 8 章 预备知识
- 第 9 章 数据处理
- 第 10 章 网络和系统操作
- 第 11 章 人工智能功能
- 第 12 章 UB 语言参考
- 第 13 章 编写源代码
- 第 14 章 高级开发功能
- 第 15 章 扩展 UiBot 命令
- 第 16 章 UiBot Commander

第 8 章 预备知识

通过初级版教程的学习，相信您已经掌握了 UiBot 最基础的概念和最基本的操作，已经能够编写最简易的流程了。本章将开始讲述 UiBot 中级版教程，您将学习到 UB 编程语言、数据处理、网络和系统、人工智能、命令扩展等强大而实用的功能。

在初级版的教程中，我们几乎无须接触 UiBot 编程语言，只接触到了几种简单的数据类型。而在进阶版的教程中，我们将要接触到一些复合数据类型，例如数组和字典。本章先对这两种数据类型的概念做一个简单介绍，后文将会详细介绍复合数据类型的使用方法。

8.1 数组

我们还是使用前面的例子，如下图所示。这是一张 Excel 表格，表格中的每一行是一条订单记录，每一列是订单的不同字段，包括订单号、顾客姓名、订单数量和销售额等。

	A	B	C	D
1	订单号	顾客姓名	订单数量	销售额
2	3	李鹏晨	6	261.54
3	6	王勇民	2	6
4	32	姚文文	26	2808.08
5	35	高亮平	30	288.56
6	36	张国华	46	2484.7455
7	65	李丹	32	3812.73
8	66	谢浩谦	41	108.15
9	69	何春梅	42	1186.06

虚构的 Excel 表格

前文已经讲过，我们可以分别使用不同类型的变量来保存这张 Excel 表格中的数据，例如：可以用字符串类型的变量来保存顾客姓名、可以用整数类型的变量来保存订单数量等。

那么如何同时保存多个数据呢？比如需要保存 100 条订单记录的订单号：一种方法是定义多个变量，例如使用 No1、No2、No3、…、No100 等 100 个变量来保存 100 个订单号，每个订单号使用一个变量来保存，这种方法比较简单直接，但是在数据量大时会非常烦琐；另一种比较聪明的方法，是利用一种叫作**数组**的复合类型。所谓"数组"，指的是可以用来存储多个数据的一组元素，这些元素可以用一个变量来表示。具体使用方法为：使用小写方括号包围起来，使用逗号来分隔每个元素。范例如下。

数组变量 = [No1, No2, No3, No4]

同一个数组中的多个元素的值可以是任意类型，例如：元素的值是整数，就构成一个整数数组。同一个数组中的多个元素数据类型可以相同，也可以不同，例如：第一个元素是整数，第二个元素是字符串等。甚至，一个数组中的元素也可以是另外一个数组，这样就构成了一般意义上的多维数组。

那么如何定位和访问数组中的多个元素呢？这就需要用到**下标**了。所谓下标，指的是用于区分数组的各个元素的数字编号，通俗地说，数组下标就是指数组的第几个元素。不过数组的下标是从 0 开始编号的，例如数组变量的第 1 个元素如下：

数组变量[0]

8.2 字典

除了数组，还有一种叫作**字典**的数据类型，也可以实现一个变量保存多个数据。不过，数组的典型应用场景，主要是用来保存多个同样性质、同样类别的数据，例如 100 个订单号等；而字典的应用场景则更宽泛，主要是用来保存多个有关联但是数据类型不尽相同的数据，例如一条订单的四个字段等。为了更好地访问这些不同数据类型的字段，字典不仅保存数据的值，还保存数据的名字。

字典类型变量的表示方法为：使用大括号包围起来，名字和其对应的值为一对，用逗号分隔，范例如下：

{ 名字1:值1, 名字2:值2, 名字3:值3 }

其中 **名字** 只能是字符串，**值** 可以是任意类型的表达式。如果您熟悉 JavaScript 或者 JSON，会发现这种初始化方法和 JSON 的表示形式高度相似。

上述订单记录就可以这样表示：

字典变量 ={ "订单号":"3", "顾客姓名":"李鹏晨", "订单数量":6, "销售额":261.54 }

同样地，字典也可以利用下标作为索引来访问其中的元素，只不过，字典索引为 **名字**，这是一个字符串。例如，得到上述字典变量的订单号的方法为：

字典变量["订单号"]

第 9 章 数据处理

数据是信息化发展到一定阶段的必然产物。对数据进行收集、整理、加工、分析和处理，同样也是 RPA 流程中不可或缺的一环。本章以数据处理的流程顺序为主线，依次介绍数据获取、数据读取、数据处理、数据存储各个数据处理流程环节，涵盖网页数据、应用数据、文件数据等不同数据格式，以及 JSON、字符串、正则表达式、集合、数组等多种数据处理方法。

9.1 数据获取方法

9.1.1 数据抓取

在 RPA 的流程中，经常需要从某个网页或某个表格中获得一组数据。比如我们在浏览器中打开某个电商网站，并搜索某个商品后，希望把搜到的**每一种**商品的名称和价格都保存下来。我们固然可以用 UiBot 的"有目标命令"，逐一去网页中选择目标（包括商品名称和价格），再用获取文本的命令得到每一项的内容。但显然非常烦琐，而且在搜到的商品种类的数量不事先固定的时候，也会比较难以处理。实际上，UiBot 提供了"数据抓取"的功能，可以用一条命令，一次性地把这些内容都读出来，放在数组中。下面我们来看看这个功能如何使用。

单击工具栏的"数据抓取"按钮，UiBot 将会弹出一个交互引导式的对话框，这个对话框将会引导用户完成网页数据抓取。对话框的第一步提示，UiBot 目前支持四种程序的数据抓取：桌面程序表格、java 表格、sap 表格、网页，这里以网页数据抓取为例，其他三种程序的数据抓取与此类似。

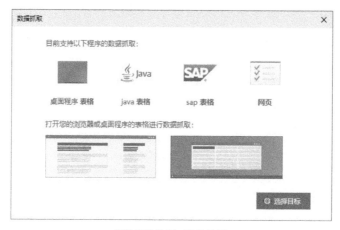

开始抓取数据 - 选择目标

单击"选择目标"按钮，这里的"选择目标"按钮与前面我们学习的其他有目标命令中的"选择目标"按钮用法一致。需要注意的是：UiBot 并不会帮您自动打开想要抓取的网页和页面，因此在数据抓取之前，需要预先打开数据网页或桌面程序表格。这个工作可以手动完成，也可以通过 UiBot 其他命令组合完成。例如，这里演示的是抓取某网站的手机商品信息，我们可以使用"浏览器自动化"的"启动新的浏览器"命令打开浏览器并打开该网站，使用"设置元素文本"命令在搜索栏输入"手机"，使用"单击目标"命令单击"搜索"按钮。上述步骤不再展开讲解。

网页准备好后，下一步任务是在网页中定位需要抓取的数据，先抓取商品的名称，仔细选择商品名称的目标（红框蓝底遮罩框）。

选择商品名

此时，UiBot 弹出提示框："请选择层级一样的数据再抓取一次"。很多用户疑惑：什么叫层级一样的数据？为什么要再抓取一次？答案是：这是因为我们要抓取的是批量数据，必须找到这些批量数据的共同特征。第一次选取目标后，得到了一个特征，但是仍然不知道哪些特征是所有目标的共性，哪些特征是第一个目标的特性。只有再选择一个层级一样的数据并抓取一次，这样才能保留所有目标的共性，去掉每个目标各自的特性。就好比在数学中，两个点才能确定一条直线，我们只有选取两个数据，才能确定要抓取哪一列数据。

提示：选择层级一样的数据再抓取一次

定位需要抓取的数据，这里我们先抓取商品的名称，仔细选择商品名称的目标（红框蓝底遮罩框）。

再次在网页中定位需要抓取的数据，也就是商品的名称，第一次抓取的是第一个商品的名称，这次我们抓取第二个商品的名称。这里一定要仔细选择商品名称的目标，保证第二次和第一次抓取的是同一个层级的目标，因为Web页面的层级有时候特别多，同样一个文本标签嵌套数层目标。当然，强大而贴心的UiBot也会帮您做检查，这里只是先给您提个醒，可不要在UiBot报错的时候惊讶噢！一定是您的目标选错啦！另外，也可以选择第三个、第四个商品的名称进行抓取，这些都不影响数据的抓取结果，只要是同一层级就可以了。

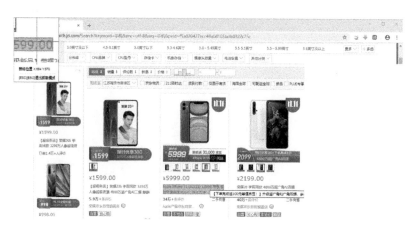

再次选择商品名

两次目标都选定完成后，UiBot再次给出引导框，询问抓取类型，这个按需选择即可。

提示抓取的数据类型是什么

单击"确定"按钮后,UiBot 会给出数据抓取结果的预览界面,您可以查看数据抓取结果与您的期望是否一致:如果不一致,可以单击"上一步"按钮重新开始数据抓取;如果一致,且您只想抓取"商品名称"这一个数据,那么单击"下一步"按钮即可;如果您想抓取更多的数据字段,例如,还想抓取商品的价格,那么可以单击"抓取更多数据"按钮。UiBot 会再次弹出选择目标界面。

预览抓取结果 - 抓取更多数据

这次我们选择的是商品价格文本标签。

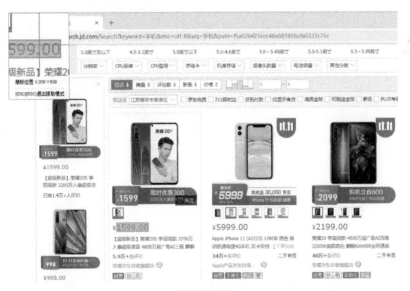

选择商品价格

同样经过两次选择目标,再次预览数据抓取结果,可以看到:商品名称和商品价格已成功抓取。

再次预览抓取结果

我们可以循环使用这个方法,增加抓取的数据项,比如商品的卖家名称、评价数量等。如果不再需要抓取更多数据项了,那么单击"下一步"按钮。此时出现的引导页面询问"是否抓取翻页按钮获取更多数据?"这是什么意思呢?假设把网页数据看成一个二维数据表的话,前面的步骤是增加数据表的列数,例如商品名称、价格等,而抓取翻页,是增加数据表的行数。如果只抓取第一页数据,那么单击"完成"按钮即可;如果需要抓取后面几页的数据,那么单击"抓取翻页"按钮。

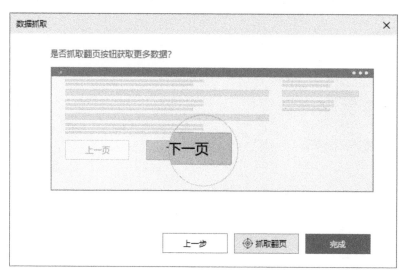

抓取翻页

单击"抓取翻页"按钮,弹出"目标选择"引导框,选择 Web 页面中的翻页按钮,这里的翻页按钮为页面中的 ">" 符号按钮。

选择翻页按钮目标

当所有步骤完成后，可以看到 UiBot 插入了一条"数据抓取"命令到命令组装区，且该命令的各个属性都已通过引导框填写完毕。例如"目标"属性的内容为：

```
{
    "html": {
        "attrMap": {
            "id": "J_goodsList",
            "tag": "DIV"
        },
        "index": 0,
        "tagName": "DIV"
    },
    "wnd": [{
        "app": "chrome",
        "cls": "Chrome_WidgetWin_1",
        "title": "*"
    }, {
        "cls": "Chrome_RenderWidgetHostHWND",
        "title": "Chrome Legacy Window"
    }]
}
```

"数据抓取"命令的某些属性还能进一步修改："抓取页数"属性指的是抓取几页数据；"返回结果数"属性限定每一页最多返回多少结果数，-1 表示不限定数量；"翻页间隔(ms)"属性指的是每隔多少毫秒翻一次页，有时候网速较慢，需要间隔时间长一些网页才能完全打开。

9.1.2 通用文件处理

除了网页数据抓取，"文件"是另一种非常重要的数据源。UiBot 提供了几种格式文件的读取操作，包括通用文件、INI 格式文件、CSV 格式文件等，我们先来看一下通用文件。

在命令中心"文件处理"的"通用文件"目录下，选择并插入一条"读取文件"命令。该命令共有三个属性："文件路径"属性，填写待读取文件的路径，这里填写的是 @res"test.txt"，表示流程目录 res 子目录下的 test.txt 文件；"字符集编码"属性，选择"GBK 编码(ANSI)"（这要根据文件的编码格式来确定）；"输出到"属性，填写一个字符串变量 sRet，读取出来的文件内容将会以字符串的形式保存到这个变量中。

读取文件

通用文件只能以文本文件中的行为单位，整体地进行读取、写入和其他操作，如果需要对文件进行更加细节的操作，可以根据文件类型，选择特定的文件操作命令，例如 INI 文件、CSV 文件等。

9.1.3 INI 文件处理

INI 文件又叫初始化配置文件，Windows 系统程序大多采用这种文件格式，负责管理程序的各项配置信息。INI 文件格式比较固定，一般由多个小节组成，每个小节由一些配置项组成，这些配置项就是键值对。

我们来看最经典的 INI 文件操作："读取键值"。在命令中心"文件处理"的"INI 格式"目录下，选择并插入一条"读键值"命令，这条命令可以读取指定 INI 文件中指定小节下指定键的值。该命令共有五个属性："配置文件"属性，填写待读取 INI 文件的路径，这里填写的是 @res"test.ini"，说明读取的是流程目录下 res 子目录的 test.ini 文件，内容如下：

```
[meta]
Name = mlib
Description = Math library
Version = 1.0

[default]
Libs=defaultLibs
Cflags=defaultCflags

[user]
Libs=userLibs
Cflags=userCflags
```

"小节名"属性填写键值对的查找范围，这里填写的是"user"，说明在 [user] 小节查找键值对；"键名"属性填写待查找的"键"的名称，这里填写的是"Libs"，说明要查找形如"Libs="后的内容；"默认值"属性指的是，当查找不到键时，返回的默认值；"输出到"属性填写一个字符串变量 sRet，sRet 将保存查找到的键值。

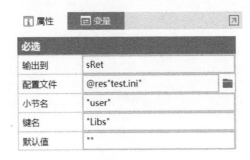

读取 INI 文件

添加一条"输出调试信息"命令，打印出 sRet，运行流程后，可以看到 sRet 的值为"userLibs"。

9.1.4　CSV 文件处理

CSV 文件以纯文本形式存储表格数据，文件的每一行都是一条数据记录。每条数据记录由一个或多个字段组成，用逗号进行分隔。CSV 广泛用于不同体系结构的应用程序之间交换数据表格信息，来解决不兼容数据格式的互通问题。

在 UiBot 中，可以使用"打开 CSV 文件"命令将 CSV 文件的内容读取到数据表中，然后再基于数据表进行数据处理，数据表的处理方法参见 9.2 节。

先来看"打开 CSV 文件"命令，这条命令有两个属性："文件路径"属性填写待读取 CSV 文件的路径，这里填写的是 @res"test.csv"，说明读取的是流程目录下 res 子目录的 test.csv 文件；"输出到"属性填写一个数据表对象 objDataTable，运行命令后，test.csv 文件的内容将被读取到数据表对象 objDataTable 中，我们可以添加一条"输出调试信息"命令，查看 objDataTable 对象的内容。

打开 CSV 文件

再来看"保存 CSV 文件"命令，这条命令也有两个属性："数据表对象"属性填写上一步得到的数据表对象 objDataTable；"文件路径"属性填写保存 CSV 文件的路径，这里填写的是 @res"test2.csv"，说明 objDataTable 数据表对象中的数据将被保存到流程目录下 res 子目录的 test2.csv 文件中。

9.1.5　PDF 文件处理

在办公场景中，PDF 格式文件是 Office 格式文件之外最常用的文件格式，因此对 PDF 文件的处理也显得非常重要。从 UiBot Creator5.0 起，UiBot 提供对 PDF 文件处理的支持。所支持的命令如下所示：

▼ PDF格式
　　获取总页数
　　获取所有图片
　　将指定页另存为图片
　　获取指定页图片
　　获取指定页文本
　　合并PDF

PDF 命令列表

在命令中心"文件处理"的"PDF 格式"目录下，选择并插入一条"获取总页数"命令，这条命令可以得到指定 PDF 文件的页数。该命令共有三个属性："文件路径"属性，填写待读取 PDF 文件的路径，这里填写的是 @res"PDF.pdf"，说明读取的是流程目录下 res 子目录的 PDF.pdf 文件；"密码"属性，填写的是 PDF.pdf 文件的打开密码，如果无密码，那么保持默认值即可。运行该命令后，"输出到"属性中填写的变量名，将会保存 PDF 文件的页数。

属性	变量
必选	
输出到	iRet
文件路径	@res"PDF.pdf"
密码	""

获取 PDF 文件总页数

UiBot 还可以将 PDF 的单页转换成图片文件，选择并插入一条"将指定页另存为图片"命令，该命令共有五个属性："文件路径"属性和"密码"属性的含义同"获取总页数"命令中的；"开始页码"和"结束页码"属性指定 PDF 文件的开始和结束页码，这里填写 1 和 2，表示转换第 1 页到第 2 页；"保存目录"属性填写转换后图片的保存路径，这里填写的是 @res""，说明转换后图片保存到流程目录下 res 子目录。运行后，res 子目录多出两个文件：PDF_1.png 和 PDF_2.png。

属性	变量
必选	
文件路径	@res"PDF.pdf"
密码	""
保存目录	@res""
开始页码	1
结束页码	2

将指定页另存为图片

除了处理单个 PDF 文件，UiBot 还能将多个 PDF 文件合并成一个 PDF 文件，选择并插入一条"合并 PDF"命令，该命令共有两个属性："文件路径"属性填写需要合并的多个 PDF 文件路径。

需要注意的是，该命令不支持单个 PDF 文件的合并，因此必须填写多个 PDF 文件路径，也就是需要填写一个数组，这里填写的是 [@res"PDF.pdf",@res"PDF1.pdf"]，表示合并流程目录下 res 子目录的 PDF.pdf 文件和 PDF1.pdf 文件；"保存路径"属性填写合并后的 PDF 文件路径，这里填写的是 @res"PDF2.pdf"，表示合并 PDF 保存到流程目录下 res 子目录。

合并 PDF

9.2 数据处理方法

当数据完成读取后，接下来就要对数据进行处理。根据数据格式的不同，UiBot 提供了不同的数据处理方法和命令，包括通用的数据，如数据表、字符串、集合、数组、时间等，或者专有的数据，如 JSON、正则表达式等。下面分别介绍这些数据处理方法。

9.2.1 数据表

数据表是使用内存空间存储和处理数据的二维表格，相比存储在硬盘上的文件，内存的好处是数据处理的速度快几十上百倍，但是内存的空间相对较小。因此，一般的处理流程是：（1）将需要处理的数据读取到内存中，以数据表的方式存储；（2）在内存中处理数据表；（3）处理完成后，将数据再次转存到硬盘上；（4）再处理下一批数据。这样既可以大大加快数据处理速度，也不会受内存空间的限制。

先来看如何构建数据表。在命令中心"数据处理"的"数据表"目录下，选择并插入一条"构建数据表"命令。这条命令可以通过表头和构建数据生成数据表，该命令共有三个属性："表格列头"属性，填写数据表的表头，这里填写的是 [" 姓名 "," 科目 "," 分数 "]；"构建数据"属性，填写数据表中的初始数据，这里填写的是 [[" 张三 "," 语文 ","78"],[" 张三 "," 英语 ","81"],[" 张三 "," 数学 ","75"],[" 李四 "," 语文 ","88"],[" 李四 "," 英语 ","84"],[" 李四 "," 数学 ","65"]]。

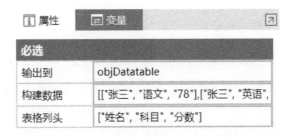

构建数据表

这样，数据表就构建好了，存储到"输出到"属性中填写的变量 objDatatable 中，如下所示：

姓　名	科　目	分　数
张三	语文	78
张三	英语	81
张三	数学	75
李四	语文	88
李四	英语	84
李四	数学	65

数据表构建完成后，可以基于数据表进行读取、排序、过滤等各种数据操作。先来看数据的排序操作。插入一条"数据表排序"命令，这条命令共有四个属性："数据表"属性填写待排序的数据表，这里填写上一步获得的数据表对象 objDatatable；"排序列"属性表示按哪一列进行排序，这里填写的是"科目"；"升序排序"属性指的排序方法，"是"表示升序，"否"表示降序。

数据表排序

"输出到"属性填写排序之后的数据表对象，这里仍然填写 objDatatable。使用"输出调试信息"命令查看排序后的数据表，如下所示：

序　号	姓　名	科　目	分　数
2	张三	数学	75
5	李四	数学	65
1	张三	英语	81
4	李四	英语	84
0	张三	语文	78
3	李四	语文	88

再来看数据的筛选。插入一条"数据筛选"命令，这条命令共有四个属性："数据表"属性填写待筛选的数据表，这里填写上一步获得的数据表对象 objDatatable；"筛选条件"属性指的是筛选出哪些满足条件的数据，单击属性栏右边的"更多"按钮，会弹出"筛选条件"输

入框。筛选条件为"列""条件""值"的组合，例如"科目 等于'语文'"，表示筛选出科目为"语文"的所有数据。我们可以增加筛选条件，多个筛选条件可以是"且"的关系，也可以是"或"的关系。

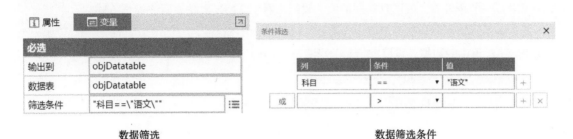

数据筛选　　　　　　　　　　　　　　数据筛选条件

使用"输出调试信息"命令查看筛选后的数据表，如下所示：

序　号	姓　名	科　目	分　数
0	张三	语文	78
3	李四	语文	88

9.2.2　JSON

JSON 是一种轻量级的数据交换格式，用于存储和交换文本信息。JSON 易于人阅读和编写，同时也易于机器解析和生成。JSON 在用途上类似 XML，但比 XML 更小、更快、更易解析。

UiBot 共有两条 JSON 命令，一条是"JSON 字符串转换为数据"，一条是"数据转换为 JSON 字符串"。这里的数据，其实指的是字典格式的数据。换而言之，JSON 对象等价于字典格式。JSON 字符串和 JSON 对象之间的互相转换，加上字典的一些操作，即可完成 JSON 格式的所有数据处理操作。

先来看"JSON 字符串转换为数据"命令，这条命令可以将 JSON 形式的字符串转换为 JSON 对象，该命令有两个属性："转换对象"属性，填写 JSON 字符串，这里填写的是 '{ " 姓名 ":" 张三 "," 年龄 ": "26" }'，需要特别注意的是，以往填写字符串，默认都是以双引号 " " 作为开始和结束符号，但是这里以单引号 ' ' 作为开始和结束符号。这是因为该属性中填入的是 JSON 字符串，JSON 字符串的"键名"都是以双引号 " " 作为开始和结束符号的，JSON 字符串整体以单引号 ' ' 作为开始和结束符号。

JSON 字符串转换为数据

"输出到"属性，填写转换后的 JSON 对象，这里填写 objJSON。使用"输出调试信息"命令打印 JSON 对象，输出结果：{ " 姓名 ": " 张三 "," 年龄 ": "26" }，大家可能会觉得疑惑，觉得 JSON 字符串和 JSON 对象似乎也没什么区别嘛！其实区别很大，它们看起来差不多，但是一个是字符串，一个是对象，使用时差别很大，我们来看看 JSON 对象有哪些操作方式。

添加一条"输出调试信息"命令，这条命令打印 objJSON[" 姓名 "]的值，运行后结果为" 张三 "，说明 JSON 对象中的数据，可以方括号的形式进行访问。

```
TracePrint(objJSON[" 姓名 "])
```

既然能访问，应该也能修改，添加一条赋值语句，该语句将 objJSON 的 " 年龄 " 修改为 30。

```
objJSON[" 年龄 "]="30"
```

最后，再通过 "数据转换为 JSON 字符串"命令，将修改后的 JSON 对象转换为字符串。这条命令共有两个属性："转换对象"属性，填写待转换的 JSON 对象，也就是前面一直使用的 objJSON；"输出到"属性填写一个字符串变量，该变量将会保存转换后的 JSON 字符串。使用"输出调试信息"命令查看转换后的 JSON 字符串："{ " 姓名 " : " 张三 " ," 年龄 " : "30" }"，可以看到，JSON 对象的内容修改成功。

9.2.3 字符串

字符串是系统中最常见的数据类型，字符串操作是最常见的数据操作。熟练掌握字符串操作，后续开发将会受益良多。先来看一条最经典的命令："查找字符串"。这条命令将会查找字符串内是否存在指定的字符，该命令有五个属性："目标字符串"属性填写被查找字符串，这里填写的是 "abcdefghijklmn"；"查找内容"属性填写待查找的指定字符，这里填写的是 "cd"；"开始查找位置"属性指的是从哪个位置开始查找，起始位置为 1；"区分大小写"属性指的是查找时是否区分大小写，默认为"否"；"输出到"属性填写一个变量 iRet，该变量保存查找到的字符位置。运行命令，打印变量 iRet，输出结果为 3，表明 "cd" 出现在 "abcdefghijklmn" 的第 3 位。如果要查找的字符串不存在，输出的结果将会是 0。

属性	变量
必选	
输出到	iRet
目标字符串	"abcdefghijklmn"
查找内容	"cd"
开始查找位置	1
区分大小写	否

查找字符串

再来看一条经典的字符串操作："分割字符串"命令。这条命令使用特定分隔符，将字符串分割为数组。比如可以用这条命令来处理前面提到的 CSV 格式文件，因为 CSV 格式文件

中是有明确的分隔符的。该命令有三个属性："目标字符串"属性填写待分割的字符串，这里填写 "zhangsan|lisi|wangwu"；"分隔符"属性填写用以分割字符串的符号，这里填写的是 "|"；"输出到"属性保存分割后的字符串数组到 arrRet。为了查看结果，我们再来添加一条"输出调试信息"命令，输出变量 arrRet 的值，可以看到结果为 ["zhangsan", "lisi", "wangwu"]，表明字符串 "zhangsan|lisi|wangwu" 通过分隔符 "|"，被成功地分割为字符串数组 ["zhangsan", "lisi", "wangwu"]。

必选	
输出到	arrRet
目标字符串	"zhangsan|lisi|wangwu"
分隔符	"|"

分割字符

9.2.4 正则表达式

在编写字符串处理流程时，经常会需要查找和测试某个字符串是否符合某些特定的复杂规则，正则表达式就是用于描述这些复杂规则的工具，它不仅可以很方便地对单个字符串数据进行查找和测试，也可以很好地处理大量数据（如：数据采集、网络爬虫等）。

先来看"正则表达式查找测试"命令，这条命令尝试使用正则表达式查找字符串，能够找到则返回 True，找不到则返回 False，该命令可用于判断一个字符串是否满足某个条件。该命令有三个属性："目标字符串"属性填写待测试的字符串；"正则表达式"属性填写正则表达式；"输出到"属性保存测试结果。举个例子，网站判断用户输入的注册用户名是否合法，首先将合法用户名的判断条件写成正则表达式，然后使用正则表达式去测试用户输入的字符串是否满足条件。具体来看，"正则表达式"属性填入 "^[a-zA-Z0-9_-]{4,16}$"，表示注册名为 4 到 16 位，字符可以是大小写字母、数字、下画线、横线；"目标字符串"如果填入 "abc_def"，测试结果返回 true，说明 "abc_def" 符合正则表达式。"目标字符串"如果填入 "abc" 或 "abcde@"，测试结果返回 false，因为 "abc" 的长度为 3，"abcde@" 中含有字符 "@"，都不符合正则表达式规则。

必选	
输出到	bRet
目标字符串	"abc"
正则表达式	"^[a-zA-Z0-9_-]{4,16}$"

正则表达式查找测试

再来看"正则表达式查找"命令，这条命令使用正则表达式查找字符串，找出所有满足条件的字符串。该命令有三个属性："目标字符串"属性填写待查找的字符串；"正则表达式"属性填写正则表达式；"输出到"属性保存查找结果。举个例子，"目标字符串"属性填写网络爬虫爬回来的一段网页，如下所示：

```
'<p/>
<img src="https://avatar.csdn.net/A/4/C/3.jpg"/>
<p/>
<img src="https://g.csdnimg.cn/static/1x/11.png"/>
<p/>'
```

"正则表达式"属性填写 "<img src=.+[png|jpg|bmp|gif]"，表示匹配以 <img src= 开头，以图片文件后缀 png|jpg|bmp|gif 结尾的字符串。通过这条命令，可以将爬回来网页中的所有图片链接全部抽取出来。

必选	
输出到	arrRet
目标字符串	'<p/> <img src="https://avatar.csd
正则表达式	"<img src=.+[png|jpg|bmp|gif]"

正则表达式查找

正则表达式的详细教程参见网络教程。

9.2.5 数组

"数组"命令主要完成数组编辑（添加元素、删除元素、截取合并数组）、数组信息获取（长度、下标等）等功能。在命令中心"数据处理"的"数组"目录下，选择并插入一条"在数组尾部添加元素"命令，该命令可在数组的末尾添加一个元素。该命令有三个属性："目标数组"属性，填写添加元素前的数组，这里填写 ["1", "2"]；"添加元素"属性填写待添加的元素，这里填写 "3"；"输出到"属性保存添加后的数组变量，打印该变量，预期输出结果为 ["1", "2", "3"]。

必选	
输出到	arrRet
目标数组	["1", "2"]
添加元素	"3"

在数组尾部添加元素

再来看"过滤数组数据"命令，这条命令可以快速对数组中的元素进行筛选，留下或者剔除满足条件的元素。该命令有四个属性："目标数组"属性，填写待过滤的数组，这里填写的是 ["12",

"23", "34"]；"过滤内容"属性填写按照什么条件过滤数组，这里填写 "2"，表示数组元素只要是字符串，并且包含了"2"就满足条件；"保留过滤文字"属性有两个选项，"是"表示满足条件的数组元素将会保留，剔除不满足条件的元素；"否"表示满足条件的数组元素将会剔除，保留不满足条件的元素。"输出到"属性保存处理后的数组 arrRet。

我们尝试一下，对"保留过滤文字"的属性选择"是"，并输出过滤后的数组变量 arrRet，输出结果为 ["12", "23"]，包含 "2" 字符串的数组元素都被保留；"保留过滤文字"属性选择"否"，打印过滤后的数组变量 arrRet，输出结果为 ["34"]，包含"2"字符串的数组元素都被剔除。

必选	
输出到	arrRet
目标数组	["12", "23", "34"]
过滤内容	"2"
保留过滤文字	否

过滤数组数据

9.2.6 数学

数学操作命令位于命令中心"数据处理"的"数学"目录下，包括各种数学操作，这些命令相对独立，因此这里只选择一个讲解，其他命令的使用方式类似，在此不再赘述。

选择并插入一条"取四舍五入值"命令，这条命令可对数字取四舍五入。该命令的属性共有三个："目标数据"属性填写需要四舍五入的数字；"保留小数位"属性填写小数保留位数；"输出到"属性保存四舍五入后的结果。

必选	
输出到	iRet
目标数据	2.3355
保留小数位	2

取四舍五入值

9.2.7 时间

时间操作命令主要包括时间数据和字符串的互相转换，以及对时间数据的各种操作。首先来看如何获取当前时间，在命令中心"数据处理"的"时间"目录下，选择并插入一条"获取时间"命令。这条命令可以获取从1900年1月1日起到现在经过的天数，该命令只有一个"输出到"属性，保存当前时间，这里填写 dTime。运行流程后，"输出调试信息"命令打印调试信息：

43771.843969907，说明从 1900 年 1 月 1 日到现在，已经过去了 43771.843969907 天，大家可以大致估算一下是否正确。

得到时间数据后，可以通过"格式化时间"命令将时间数据转换成各种格式的字符串。"格式化时间"命令有三个属性："时间"属性填写刚刚得到的时间数据 dTime；"格式"属性填写时间格式，其中年（yyyyy）占 4 位、月（mm）、日（dd）、24 小时（hh）、分（mm）、秒（ss）都占 2 位，例如 "yyyy-mm-dd hh:mm:ss" 填写时间后转换为："2019-11-02 20:29:58"；"输出到"属性保存格式化时间的结果。

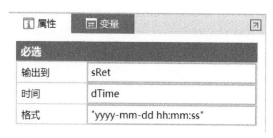

格式化时间

除了将时间数据转换成各种格式的字符串，也可以直接获取时间数据的某一分项。例如可以使用"获取月份"命令获取时间数据 dTime 中的月份，以此类推，其他命令类似。

9.2.8 集合

集合操作命令主要包括集合的创建、集合元素的增删、集合间的操作等。首先来看创建集合。在命令中心"数据处理"的"集合"目录下，选择并插入一条"创建集合"命令。该命令只有一个"输出到"属性，将创建集合的结果赋值给 ObjSet 对象。

接着，我们往 ObjSet 这个集合中写入元素，插入一条"添加元素到集合"命令。该命令有两个属性："集合"属性填写上一步创建的集合对象 ObjSet；"添加元素"属性填写集合元素，可以是数字、字符串等常量，也可以是变量。

同一个集合中，能否既有数字元素，又有字符串元素呢？答案是肯定的！我们可以调用两次"添加元素到集合"命令，一次插入 1，一次插入 "2"。运行后打印调试信息，可以看到两个元素都成功插入集合。

最后来看多个集合之间的操作，以取集合的并集为例。通过插入元素构建出两个集合，一个为 {1,"2"}，另一个为 {"1", "2"}。添加一条"取并集"命令。该命令有三个属性："集合"属性和"比对集合"分别填写需要合并的两个集合；"输出到"属性填写合并之后的集合变量。运行后打印调试信息，可以看到合并之后集合变为 {1, "1", "2"}，这说明并集剔除了重复元素 "2"，1 和 "1" 一个是数值，一个是字符串，不属于重复元素，因此同时选入并集。

以上内容的关键源代码如下：

```
ObjSet=Set.Create()
Set.Add(ObjSet,1)
Set.Add(ObjSet,"2")
TracePrint(objSet)

ObjSet2=Set.Create()
Set.Add(ObjSet2,"1")
Set.Add(ObjSet2,"2")

objSetRet = Set.Union(ObjSet,ObjSet2)
TracePrint(objSetRet)
```

第 10 章 网络和系统操作

网络和系统操作是 RPA 流程中跨越多个信息系统不可或缺的一环。其中，网络操作是将 HTTP 协议、SMTP 协议、POP3 协议进行封装，使之更加易于使用，系统操作则依次介绍系统命令、应用命令、对话框、剪贴板、文字写屏、RDP 锁屏等实用命令。

10.1 网络操作

10.1.1 HTTP 操作

在网络时代，听到最多的一个词就是 HTTP，因为几乎所有网址都需要加一个前缀 http://。其实，HTTP 是 Hyper Text Transfer Protocol（超文本传输协议）的缩写，指的是本地浏览器与网络服务器进行超文本传输和通信协议。也就是说，我们使用浏览器访问网站时，本质上就是通过 HTTP 协议与远程的网络服务器打交道。

其实不仅是浏览器，只要遵循 HTTP 协议的标准，其他应用程序同样也可以与网络服务器进行通信。这就厉害了！这说明，前面章节中介绍的某些网页自动化操作，其实可以不通过浏览器，而是直接通过 HTTP 协议进行操作。这就为网络操作自动化，开辟了一条新的思路。

应用得比较多的 HTTP 请求，主要有两大类：HTTP GET 和 HTTP POST。我们来看看如何在 UiBot 中实现这两类请求，首先是 HTTP GET 请求。在命令中心"网络"的"HTTP"目录下，选择并插入一条"Get 获取数据"命令，该命令将创建一个指向特定网址的 HTTP GET 请求。该命令有四个属性，如下图所示。

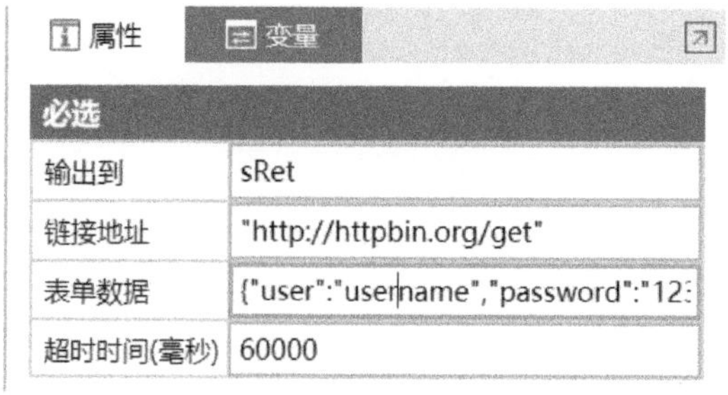

属性	变量
必选	
输出到	sRet
链接地址	"http://httpbin.org/get"
表单数据	{"user":"username","password":"12:
超时时间(毫秒)	60000

Get 获取数据

"链接地址"属性表示此次 HTTP 请求的网址;"表单数据"属性是一个 JSON 格式的字符串,表示此次 HTTP 请求需要发送的数据,这里一共有两组键值对,分别为"user"和"username"、"password"和"12345678",如下所示。

```
{
    "user": "username",
    "password": "12345678"
}
```

"超时时间"属性指定了此次 HTTP 请求的超时时间,如果超过这个时间仍没有数据返回,则认为此次 HTTP 请求失败。"输出到"属性填写一个变量名,这个变量将会保存此次 HTTP 请求返回的结果,该结果也是一个 JSON 格式的字符串,如下所示。如果需要对返回结果进行处理,那么可以根据返回结果的格式,解析这个 JSON 字符串。

```
{
    "args": {
        "password": "12345678",
        "user": "username"
    },
    "headers": {
        "Accept": "*/*",
        "Accept-Encoding": "gzip, deflate",
        "Host": "httpbin.org",
        "User-Agent": "python-requests/2.21.0"
    },
    "origin": "49.94.16.174, 49.94.16.174",
    "url": "https://httpbin.org/get?user=username&password=12345678"
}
```

HTTP GET 请求除了能够执行普通的 GET 请求,还能够通过 HTTP GET 请求下载文件,这个功能通过"Get 下载文件"命令实现。这个命令有五个属性,其中"链接地址""表单数据""超时时间""输出到"四个属性的含义,与上一条"Get 获取数据"命令的四个属性一致,另外一个"文件路径"属性填写下载文件的保存路径。

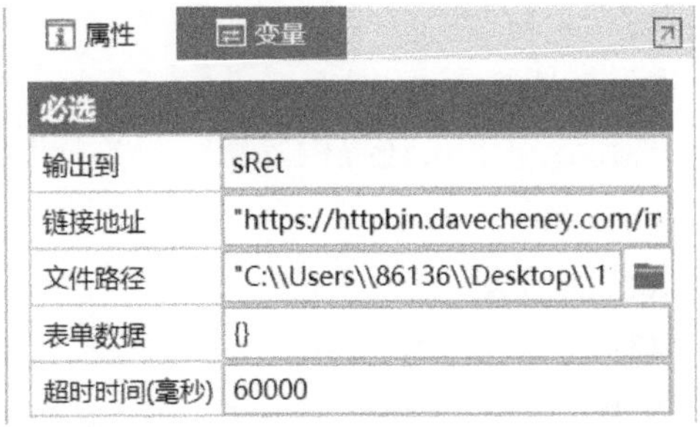

Get 下载文件

我们再来看看如何在 UiBot 中实现 HTTP POST 请求。在命令中心"网络"的"HTTP"目录下,选择并插入一条"Post 提交表单"命令,该命令将创建一个指向特定网址的 HTTP POST 请求。该命令有四个属性,如下图所示。

必选	
输出到	sRet
链接地址	"http://httpbin.org/post"
表单数据	{"custtel":"123456","custname":"yzj"
超时时间(毫秒)	60000

Post 提交表单

"链接地址""表单数据""超时时间""输出到"属性的含义与"Get 获取数据"命令的属性含义相同。需要注意的是：HTTP POST 请求发送的"表单数据"与请求的网址相关，需要跟相关的业务人员仔细核对，"表单数据"的键值对仔细填写正确。同样地，HTTP POST 请求返回的结果也是一个 JSON 格式的字符串，如下所示。如果需要对返回结果进行处理，那么可以根据返回结果的格式，解析这个 JSON 字符串。

```
{
    "args": {},
    "data": "",
    "files": {},
    "form": {
        "custname": "yzj",
        "custtel": "123456"
    },
    "headers": {
        ......
    },
    "json": null,
    "origin": "49.94.16.174, 49.94.16.174",
    "url": "https://httpbin.org/post"
}
```

10.1.2 邮件操作

在企业业务流程自动化中，邮件的自动化收发是非常重要的一环。除了自动化操作邮件客户端或者通过浏览器自动登录邮箱，UiBot 还提供了通过 SMTP 和 POP3 协议直接收发邮件的命令。

就像使用 Foxmail 或者 Outlook 收发一样，在使用 SMTP 和 POP3 协议直接收发邮件之前，必须登录邮箱做一些设置，这里以 QQ 邮箱为例进行说明。打开浏览器，登录 QQ 邮箱，单击"设置"按钮，再单击"账户"选项卡，找到"POP3/IMAP/SMTP/Exchange/CardDAV/CalDAV 服务"，在"开启服务：POP3/SMTP 服务"处单击"开启"按钮（该服务默认是关闭的），这个时候 QQ 邮箱系统会生成一串密码，将这串密码保存好，后续的邮件收取和邮件发送操作都使用这串密码，不再使用您邮箱的原始密码。

QQ 邮箱开启 POP 和 SMTP

然后单击"如何使用 Foxmail 等软件收发邮件？"，这篇帮助文档中有 QQ 邮箱的关键设置信息，如下图所示：POP 服务器地址为 pop.qq.com，端口号为 995，SSL 为"是"；SMTP 服务器地址为 smtp.qq.com，端口号为 465，SSL 为"是"。这些信息在后续的 UiBot 邮件命令中都会用到。

QQ 邮箱设置信息

我们先来看看收取邮件命令，第一步连接邮箱。在命令中心"网络"的"SMTP/POP"目录下，选择并插入一条"连接邮箱"命令，该命令将使用 POP 协议连接指定邮箱，并支持后续收取邮件的操作。

连接邮箱

该命令有如下几个属性："服务器地址"属性填写邮箱的 POP 服务器地址，"服务器端口"属性填写 POP 协议端口号，"SSL 加密"属性选择"是"，这三个信息在上一步 QQ 邮箱的设置中已经得到，其中服务器地址为 pop.qq.com，端口号为 995；"邮箱账号"属性填写需要收取邮件的邮箱账号；"登录密码"属性填写邮箱账号密码，密码在上一步 QQ 邮箱已生成好；"使用协议"属性默认填写"POP3"；"输出到"属性填写变量名 objMail，这个变量会保存连接邮箱后得到的邮箱对象，后续读取邮件标题、邮件正文、下载邮件附件等命令，都要使用这个邮箱对象。

成功连接邮箱后，接下来可以收取邮件了。UiBot 中支持的邮件收取操作有：获取邮件标题、获取邮件正文、获取邮件发件人、获取邮件地址、获取邮件时间、保存附件等几个命令。

在命令中心"网络"的"SMTP/POP"目录下，选择并插入一条"获取邮件标题"命令，该命令将获取邮件标题。该命令有几个属性："操作对象"属性填写刚刚在"连接邮箱"命令中得到的邮箱对象 objMail；"邮件序号"填写我们需要读取第几封邮件，这里填写的是 1，表示读取第 1 封邮件（最新的那封邮件），可以通过依次增加"邮件序号"来遍历邮箱中的邮件；"输出到"属性填写一个变量名，这个变量会保存"获取邮件标题"命令的执行结果——邮件标题的文本信息。

属性	变量
必选	
输出到	sRet
操作对象	objMail
邮件序号	1

获取邮件标题

其他几个邮件收取命令——"获取邮件正文""获取邮件发件人""获取邮件地址""获取邮件时间"与"获取邮件标题"命令类似，它们的属性大都相同，不同的是获取邮件的不同信息。不过，"保存附件"命令与其他五个命令相比有所不同，少了一个"输出到"属性，多了一个"保存地址"属性，"保存附件"命令不是将附件保存到"输出到"变量，而是将附件直接存储到"保存地址"属性中填写的文件地址中。

属性	变量
必选	
操作对象	objMail
保存地址	"C:\\Users\\86136\\Desktop"
邮件序号	1

保存附件

除了收取邮件，UiBot 同样支持发送邮件。在命令中心"网络"的"SMTP/POP"目录下，选择并插入一条"发送邮件"命令，该命令将使用 SMTP 协议给指定邮箱发送一封邮件。

发送邮件

该命令有几个属性："SMTP 服务器"属性填写邮箱的 SMTP 服务器地址；"服务器端口"属性填写 SMTP 协议端口号；"SSL 加密"属性选择"是"，这三个信息在上一步 QQ 邮箱的设置中已经得到，其中服务器地址为 smtp.qq.com，端口号为 465；"邮箱账号"属性填写需要登录的邮箱账号；"登录密码"属性填写邮箱账号密码，密码在上一步 QQ 邮箱已生成好；"收信邮箱"属性填写对方的邮箱账号；"邮件标题"属性填写待发送邮件的标题；"邮件正文"属性填写待发送邮件的正文；"邮件附件"属性填写待发送邮件的附件文件地址；最后，"输出到"一栏会把此次邮件发送操作是否成功置入指定的变量中，成功则置入 True，失败则置入 False。

10.2 系统操作

10.2.1 系统命令

UiBot 提供了一些实用的命令，来调用操作系统的相关功能，例如播放声音、读取和设置环境变量、执行命令行和 PowerShell、获取系统和用户的文件夹路径等。这些操作系统相关的命令（简称"系统命令"）与其他命令搭配使用，能够起到意想不到的好效果。

我们先尝试找到并插入一条"播放声音"命令，该命令可以播放指定文件路径的声音文件。该命令的属性只有一个："文件路径"属性，这个属性填写待播放声音的完整文件路径。目前，UiBot 暂时只支持 wav 格式的声音播放。

播放声音

在命令中心"系统操作"的"系统"目录下,选择并插入一条"读取环境变量"命令,该命令可以读取 Windows 操作系统的环境变量。该命令的属性有两个:"环境变量"属性,填写环境变量的名称;"输出到"属性填写一个变量名,这个变量将会保存读取出来的环境变量的值。需要注意的是:"读取环境变量"命令一次只能读取一个变量,如果需要读取多个环境变量的值,可以多次调用该命令。另外,读取出来的环境变量的文本格式与操作系统中环境变量的文本格式完全一致,如果需要进一步解析环境变量文本,请查阅相关文档。"设置环境变量"命令的用法与"读取环境变量"命令的类似,这里也不再展开讲解。

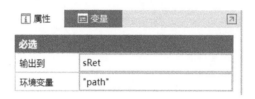

读取环境变量

在命令中心"系统操作"的"系统"目录下,选择并插入一条"执行命令行"命令,该命令可以执行 Windows 脚本,该命令的属性有两个:"命令行"属性,填写待执行的 Windows 脚本;"输出到"属性,填写一个变量,这个变量保存脚本的执行结果。Windows 脚本的写法,请查阅相关文档。

执行命令行

在命令中心"系统操作"的"系统"目录下,选择并插入一条"获取系统文件夹路径"命令,该命令可以获取各个系统文件夹的路径,该命令的属性有两个:"获取目录"属性,目前 UiBot 支持如下路径的获取:系统目录、Windows 目录、桌面目录、软件安装目录、开始菜单目录,用户可以根据需要自行选择;"输出到"属性,填写一个变量,这个变量保存"获取系统文件夹路径"命令的执行结果,即最后获取到的路径。

获取系统文件夹路径

"获取临时文件夹路径""获取用户文件夹路径"命令的用法与"获取系统文件夹路径"命令用法类似，这里不再展开讲解。

10.2.2 应用命令

在企业业务流程中，可能会需要启动、关闭应用程序。我们固然可以通过界面模拟，来实现这些功能。但实际上，UiBot 提供了更简单易用的"应用命令"，可以直接管理应用程序的生命周期，包括启动应用、关闭应用、获取应用程序的状态等。我们先插入一条"启动应用程序"命令，该命令的属性如下："文件路径"属性，填写待启动的应用程序的文件路径；"等待方式"属性指的是系统与该应用程序的等待关系，UiBot 提供三种等待方式："不等待""等待应用程序准备好""等待应用程序执行到退出"。"不等待"指的是目标程序立即启动，命令即算完成；"等待应用程序准备好"指的是只有应用程序准备好了，命令才算完成，否则会一直等待；"等待应用程序执行到退出"指的是启动应用程序后，UiBot 会一直等待，直到应用程序退出，该命令才算执行完成。"显示样式"属性指的是当应用程序启动时，以何种方式显示，UiBot 支持的显示样式有："默认""最大化""最小化""隐藏"。"默认"指的是应用程序以默认显示方式启动，"最大化"指的是启动时应用程序窗口最大化，"最小化"指的是启动时应用程序窗口最小化，"隐藏"指的是启动时不显示应用程序窗口。最后，还有"输出到"属性，填写一个变量，这个变量保存启动后应用程序的 PID，这个 PID 在后续的命令中还会用到。

启动应用程序

"启动应用程序"命令打开的是一个应用程序，但是有些场景不仅需要打开应用程序，还需要应用程序打开一个文件或网址，这个时候可以用到"打开文件或网址"命令。该命令的几个属性与"启动应用程序"命令的大致相同，唯一不同的是"文件路径"属性，这里填写需要打开的文件或网址。

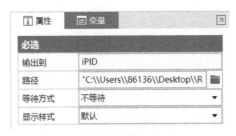

打开文件或网址

通过"启动应用程序"命令或"打开文件或网址"命令启动应用程序后，在流程运行的过程中，我们可以随时查看某个特定应用是否仍在运行。插入一条"获取应用运行状态"命令，该命令可以根据进程名或 PID 判断一个进程是否存活。该命令的属性有两个："进程名或 PID"属性，填写应用的进程名或 PID。如果填写 PID，即是上一条"启动应用程序"命令的"输出到"属性得到的值；如果填写进程名，则填写应用程序的完整文件名，例如上一条"启动应用程序"命令的进程名为"notepad.exe"；"输出到"属性保存命令的执行结果，True 表示进程仍然存活，False 表示进程已经关闭。

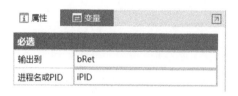

获取应用运行状态

最后，别忘了关闭应用程序。选择并插入一条"关闭应用"命令，该命令可以根据进程名或 PID 关闭一个进程。该命令的属性只有一个："进程名或 PID"属性，填写待关闭应用的进程名或 PID，含义与"获取应用运行状态"命令同名属性的含义是一样的。

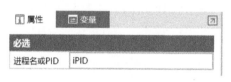

关闭应用

10.2.3 对话框

RPA 流程运行的过程中，一般来说不需要人工干预。但是某些场景下，流程需要与人进行双向的信息沟通，一方面将流程的关键信息通知给人，另一方面获取人的控制和决策信息。为此，UiBot 提供了对话框机制，它既可以将流程关键信息在一个对话框里显示出来，也可以弹出对话框，让用户进行选择和输入，从而实现了流程与人的双向信息沟通。

在命令中心"系统操作"的"对话框"目录下，选择并插入一条"消息框"命令，该命令将在流程运行的过程中在屏幕的中间弹出一个消息框。

消息框

该条命令有如下属性："消息内容"属性填写消息内容主体；"对话框标题"属性指的是弹出对话框的标题栏；"按钮样式"属性指的是这个对话框中显示哪几个按钮，"按钮样式"属性选项有："只显示确定按钮""显示是和否按钮""显示放弃、重试和跳过按钮""显示是、否和取消按钮""显示重试和取消按钮""显示确认和取消按钮"，大家可以根据业务场景的需求，合理地选择"按钮样式"属性。

消息框设置

"图标样式"属性指定了对话框显示什么图标，选项有："不显示图标""显示消息图标""显示询问图标""显示警告图标""显示出错图标"，大家也可以根据业务场景合理选择图标；"超时时间"属性指的是多少毫秒以后，该对话框强制关闭，例如填写5000，表示5000毫秒后，即使用户未单击对话框的任何按钮，该对话框也会强制关闭。如果"超时时间"属性填0，表示不使用超时时间，即用户必须单击对话框，对话框才会消失；"输出到"属性填写了一个变量，该变量在用户单击了对话框按钮后，会记录用户单击了哪个按钮。接下来的流程运行逻辑，可以根据用户单击了哪个按钮，选择不同的流程走向。各按钮的值如下：

按钮的值	按钮的含义
1	确定
2	取消
3	放弃
4	重试
5	跳过
6	是
7	否

"消息框"命令是一条非常强大的命令，用户可以根据实际需要填写消息框的内容、标题、按钮样式、图标样式等。但是有时候不需要这么复杂的对话框，也不需要用户来确认，只要弹出一条简单的消息通知即可，这时可以用"消息通知"命令。"消息通知"命令将会以气泡的方式弹出一条通知消息，即使用户不进行任何操作，也会在几秒钟后自动消失。

"消息通知"命令有几个属性:"消息内容""对话框标题""对话框图标"的含义与"消息框"命令对应属性的含义相同。需要注意的是:"消息框"命令一般会停留几秒才消失,但是如果流程结束运行的话,流程中弹出的消息框也会随之消失,可以在"消息框"命令后面接一个"延时"命令,延时几秒钟时间,这样可以让用户查看消息框的时间更加充裕一些。

消息框设置

"消息框"命令和"消息通知"命令实现流程向用户传递消息,"消息框"命令虽然能够得到"用户单击哪个按钮",完成用户向流程传递消息的部分功能,但是非常有限,如果用户要向流程传递更多的信息,该怎么办呢?UiBot提供了"输入对话框"命令,这条命令可以弹出一个对话框,用户可以在对话框中输入需要传递的信息,这个信息将会被传递到流程中。

我们来看看"输入对话框"命令的具体用法。"消息内容"属性同上;"默认内容"属性是给用户的提示信息,如果用户不修改,那么"默认内容"属性中的内容将会传递给流程;"仅支持数字"属性是布尔值,"是"表示用户只能输入数字,"否"表示用户输入不受限制,可以输入任意字符;"输出到"属性填写一个变量,当执行完命令后,用户的输入信息将会保存到这个变量中,后续流程可以使用这个变量,这样就打通了用户输入到流程的通道。

输入对话框

除了支持用户输入文字,UiBot还支持用户输入文件。插入一条"打开文件对话框"命令,这个命令可以在流程运行的过程中,弹出一个"打开文件对话框",用户选择文件,并将文件路径传递给流程。该命令有几个属性:"初始目录"属性指的是弹出对话框时,默认打开哪个目录,我们可以单击"初始目录"属性右边的文件夹按钮选择初始目录,如果没有选择初始目录(即该属性默认值为""）或者选择的初始目录不存在，UiBot会打开一个默认目录作为初始目录；"文件类型过滤"属性是一个字符串，指明了该对话框可以打开哪些类型的文件，文件过滤器filter的写法请参阅相关文档；"对话框标题"属性含义与其他对话框命令属性含义相同；"输出到"属性填写一个变量，当执行完命令后，用户选择文件的完整路径将会保存到这个变量中，也就是说，这个"打开文件对话框"并**不会真正**打开文件，而是得到文件路径，后续流程可以使用这个变量，这样就打通了用户输入到流程的通道。

打开文件对话框

"打开文件对话框 [多选]""保存文件对话框"命令用法与"打开文件对话框"命令用法类似，"打开文件对话框 [多选]"命令可以选择多个文件，这条命令返回的是一个文件路径数组，用户可以遍历数组依次处理每个文件，这里不再展开讲解。

10.2.4 剪贴板

读者一定不会对剪贴板的操作感到陌生，它可以把文字或图像从一个应用程序迁移到另一个应用程序。我们固然可以通过界面模拟剪贴板的复制、粘贴等操作，更便捷的是，UiBot还可以直接读取或设置剪贴板中的文本或图像，让剪贴板真正成为业务流程的一部分。我们尝试插入一条"设置剪贴板文本"命令，该命令将一段文字置入剪贴板中。该命令只有一个"剪贴板内容"属性，显然，表示的是将要设置到剪贴板中的文字内容。

设置剪贴板文本

我们可以接着插入一条"读取剪贴板文本"命令，查看上一条"设置剪贴板文本"命令是否成功。"读取剪贴板文本"命令同样只有一个属性——"输出到"属性，运行该命令后，属性中填写的变量 sRet 将会保存剪贴板中的文本。添加一条"输出调试信息"命令，将 sRet 输出，即可查看设置和读取剪贴板文本是否执行成功。

除了通过剪贴板传输文字，剪贴板同样也可以传输图像。在命令中心"系统操作"的"剪贴板"

目录下，选择并插入一条"图片设置到剪贴板"命令，该命令将一个图像文件设置到剪贴板中。该命令只有一个"文件路径"属性，这个属性填写将要设置到剪贴板的图像文件的路径。

图片设置到剪贴板

我们可以插入一条"保存剪贴板图像"命令，查看上一条"图片设置到剪贴板"命令是否成功。"保存剪贴板图像"命令只有一个"保存路径"属性，这个属性填写剪贴板中图像文件的保存路径。

保存剪贴板图像

10.2.5 文字写屏

文字写屏是一个非常直观和实用的工具命令，在流程运行的过程中，无法看到打印出的日志等信息，而通过将文字写屏，不管是 RPA 运维工程师、终端客户，还是录屏软件，都可以直接看到。在命令中心"系统操作"的"文字写屏"目录下，选择并插入一条"创建写屏对象"命令，该命令将创建一个写屏对象。

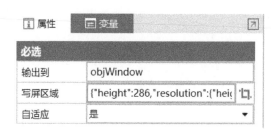

创建写屏对象

该条命令有三个属性："写屏区域"是一个 JSON 字符串，表示文字写在屏幕的哪块区域。也许很多人看不懂，没关系，单击写屏区域右边的范围选择按钮，此时界面蒙上了一层幕布，按住鼠标左键开始勾选，当觉得选择好以后，松开鼠标左键，UiBot 会自动帮你选择好写屏区域，例如刚才我们选择的区域，基于 768×1366 分辨率，起始点坐标（左上角）为 (312,174)，写屏区域的高度为 346，宽度为 598，单位都是像素。"自适应"属性是一个布尔值，表明写屏区域是否随着分辨率的变化而自动适应，true 表示"写屏区域"属性会随着分辨率的变化而自动适应，false 表示严格按照"写屏区域"属性的值进行写屏。"输出到"属性填写写屏对象

objWindow。后续操作将会用到这个写屏对象。

```
{
    "height": 346,
    "resolution": {
        "height": 768,
        "width": 1366
    },
    "width": 598,
    "x": 312,
    "y": 174
}
```

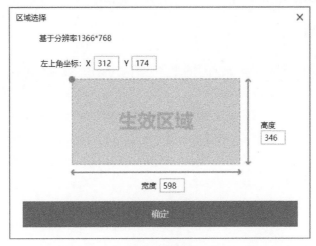

设置写屏区域

创建写屏对象后,就可以利用这个写屏对象绘制文字了,选择并插入一条"绘制文字"命令,该命令将往屏幕上写一段文字。这条命令有四个属性:"写屏窗口对象"属性填写写屏对象 objWindow;"显示内容"属性填写所要显示的文字内容;"文字大小"填写文字的字号;"文字颜色"填写文字的 RGB 颜色,其中 [255,0,0] 代表红色,[0,0,255] 代表蓝色,[255,255,0] 代表黄色等,关于 RGB 颜色的相关知识,请参见相关教程。

绘制文字

有时候我们需要多次写屏,写屏对象 objWindow 可以反复使用。在上一条"绘制文字"命令后面,再加入一条"绘制文字"命令,两条"绘制文字"命令只有"显示内容"属性不同。运行后发现上一条"绘制文字"命令显示的文本并没有消失。原来,UiBot 并不会默认擦除上一条

"绘制文字"命令的写屏内容，如果要擦除写屏文字，需要用到"清除文字"命令。"清除文字"命令只有一个"写屏窗口对象"属性，这个属性的含义与"绘制文字"命令的"写屏窗口对象"属性含义相同，填入 objWindow 即可。

再次运行流程，这次上一条文字的内容倒是擦除了，不过文字显示的时间太短了。原来 UiBot 的命令都是实时执行的，如果需要文字在屏幕中停留一段时间，这里有一个小技巧：在"绘制文字"命令和"清除文字"命令中间插入一条"延时"命令即可。

最后切记，在所有的写屏操作完成后，一定要添加一条"关闭窗口"命令，这条命令和"创建写屏对象"命令一一对应，将"创建写屏对象"命令创建的 objWindow 对象释放。

10.3 RDP 锁屏

在运行 UiBot 流程的过程中，我们经常遇到这样的问题：临时有事需要暂时离开电脑时，不想让别人乱动我的电脑，破坏流程的执行，也不想让别人看见正在运行的流程。此时需要锁住屏幕，在 Windows 系统中，最常见的锁屏方法是按"Win+L"键，但是采用这种锁屏方法后，UiBot 的流程还能正常运行吗？我们来看一个具体流程，这个流程只有一个流程块，执行一条"屏幕 OCR"命令，获得桌面上"回收站"图标的文字并打印出来，为了预留按"Win+L"键的时间，我们再加入一条"延时"命令，延时 5 秒钟。

一个具体流程：识别桌面上的回收站图标

先正常执行流程，能够正确识别出文字"回收站"：

正常执行后，正确识别出文字

再次运行流程，马上按"Win+L"键锁住屏幕，然后等待流程执行完成，输入解锁密码，此时 UiBot 并未识别出文字"回收站"：

锁屏执行后，无法正确识别出文字

那有没有别的办法呢？强大的 UiBot 从 5.0 版本开始，提供了一种名叫 RDP 锁屏的命令，可以锁住屏幕，却不影响流程的正常运行，下面我们来看具体的用法。

在命令中心"系统操作"的"RDP"目录下，选择并插入一条"屏幕锁屏"命令，该命令会将屏幕锁住，这条命令有三个属性："输出到"属性返回锁屏命令是否执行成功，这个属性暂时用不到；"用户或账户"属性填写 Window 系统的用户名；"密码"属性填写该用户名的密码，如果不想让别人看见输入框和源代码中的密码原文，可以单击密码输入框右边的"切换使用密文或明文"按钮，再次输入时即为密文。

屏幕锁屏命令的属性

在同一目录下，选择并插入一条"屏幕解锁"命令，该命令会将屏幕解锁。该命令的三个属性含义同"屏幕锁屏"命令属性的含义。在"屏幕锁屏"和"屏幕解锁"命令之间，填入原来的命令（OCR 识别屏幕命令、输出调试信息命令等）。运行流程，此时屏幕已被自动锁住，流程执行完成后，屏幕自动解锁，并正确识别出文字"回收站"。

是不是很神奇？！通过 RDP 锁屏命令，既可以将屏幕锁住，又可以正确运行流程，一举两得，完美！RDP 锁屏命令其实还有更重要的应用场景：

第一、Windows 系统是一个多用户体系的操作系统，可以使用一个用户来运行 UiBot 流程，使用另一个用户来完成其他的办公操作，完全可以实现一机二用！

第二、基于上一点，多个流程可以运行在 Windows 系统中的多个账户中，只要电脑性能足够强大，一台电脑完全可以同时运行多个流程！

当然，为了支持 RDP 锁屏命令，Windows 系统需要预先进行一些设置：

第一、Windows 系统需要支持远程桌面连接，这个是先决条件，也是 RDP 一词的由来。一般来说，家庭版或者教育版的 Windows 系统不支持远程桌面连接，而企业版、旗舰版等都支持远程桌面连接。

第二、Windows 系统需要启用远程桌面连接。启用方法参考如下：

1. 右击"此电脑"或"我的电脑"，单击"属性"命令，在"高级系统设置"里，单击"远程桌面"图标。

2. 在"远程桌面"选项下，选择"允许远程连接到此计算机"选项。

第三、为了支持 RDP 自动解锁，需要到 UiBot 安装目录下，以管理员身份手动运行 UBUnlockInstaller.exe 程序，安装"UiBot 屏幕解锁服务"。

第 11 章 人工智能功能

人工智能（AI）是扩展 RPA 平台能力的重要工具。本章主要介绍自然语言处理（NLP）和 OCR 两个 AI 功能，其中 NLP 部分介绍 NLP 的概念、RPA 中的 NLP、UiBot 中的 NLP 等；OCR 部分介绍 OCR 的概念、百度 OCR、系统内置的 OCR 等。

11.1 NLP（自然语言处理）

11.1.1 NLP 的用途

语言是人类用来交流的一种工具。许多国家和民族都有自己的语言，有些动物也有自己的语言，甚至计算机也有自己的语言！人类通过语音和手势来交流，狗通过汪汪叫来交流，计算机也有自己的交流方式，那就是数字信息。

不同物种有自己的沟通方式

不同的语言之间是无法沟通的，比如说人类就无法听懂狗叫，甚至不同语言的人类之间都无法直接交流，需要翻译才能交流。而计算机更是如此，为了让计算机之间互相交流，人们让所有计算机都遵守一些规则，这些规则就是计算机之间的语言。

自然语言处理（NLP）就是在计算机语言和人类语言之间沟通的桥梁，以实现人机交流的目的。既然不同人类语言之间可以有翻译，那么人类和机器之间是否可以通过"翻译"的方式来直接交流呢？当然可以！NLP 就是人类和机器之间沟通的桥梁！

NLP 是人类和机器之间沟通的桥梁

在人工智能出现之前，计算机已经能够智能处理结构化的数据（例如 Excel 里的数据、数据库中的数据）。但是网络中大部分的数据都是非结构化的，例如：网页、图片、音频、视频等。在非结构数据中，文本的数量是最多的，它虽然没有图片和视频占用的空间大，但它的信息量是最大的。想要计算机处理这些非结构化的文本数据，理解这些文本信息，就需要用到 NLP 技术。

结构化与非结构化数据

11.1.2 NLP 的核心任务

自然语言就是大家平时在生活中常用的表达方式，大家平时说的"讲人话"就是这个意思。

自然语言：我背有点驼；非自然语言：我的背部呈弯曲状。

NLP 有 2 个核心的任务：

- 自然语言理解（NLU）
- 自然语言生成（NLG）

11.1.3 自然语言理解（NLU）

自然语言理解就是希望机器像人一样，具备正常人的语言理解能力，由于自然语言在理解上有很多难点，所以自然语言理解方面，至今机器还远不如人类的表现。

自然语言理解的 5 个难点有：

难点 1：语言的多样性

自然语言没有什么通用的规律，你总能找到很多例外的情况。

另外，自然语言的组合方式非常灵活，字、词、短语、句子、段落……不同的组合可以表达出很多的含义。例如：

```
我要听大王叫我来巡山
给我播大王叫我来巡山
我想听歌大王叫我来巡山
放首大王叫我来巡山
给唱一首大王叫我来巡山
放音乐大王叫我来巡山
放首歌大王叫我来巡山
给大爷来首大王叫我来巡山
```

难点2：语言的歧义性

如果不联系上下文，缺少环境的约束，语言有很大的歧义性。例如：

```
我要去拉萨
```

- 需要火车票？
- 需要飞机票？
- 想听音乐？
- 还是想查找景点？

难点3：语言的健壮性

自然语言在输入的过程中，尤其是通过语音识别获得的文本，会存在多字、少字、错字、噪音等问题。例如：

```
大王叫我来新山
大王叫让我来巡山
大王叫我巡山
```

难点4：语言的知识依赖

语言是对世界的符号化描述，语言天然连接着世界知识，例如：

```
大鸭梨
```

除了表示水果，还可以表示餐厅名

```
7天
```

可以表示时间，也可以表示酒店名

```
晚安
```

有一首歌也叫《晚安》

难点5：语言的上下文

上下文的概念包括很多种：对话的上下文、设备的上下文、应用的上下文、用户画像……

```
用户：买张火车票
回答：请问你要去哪里？
用户：宁夏
用户：来首歌听
回答：请问你想听什么歌？
用户：宁夏
```

下面用一个具体的案例来深度说明一下自然语言理解：

在生活中，如果想要订机票，人们会有很多种自然的表达：

"订机票"；
"有去上海的航班么？"；
"看看航班，下周二出发去纽约的"；
"要出差，帮我查下机票"；

……

可以说"自然的表达"有无穷多的组合，都代表"订机票"这个意图。而听到这些表达的人，可以准确理解这些表达指的是"订机票"这件事。

而要理解这么多种不同的表达，对机器来说是个挑战。在过去，机器只能处理"结构化的数据"（比如关键词），也就是说如果要听懂人在讲什么，必须要用户输入精确的指令。

所以，无论你说"我要出差"还是"帮我看看去北京的航班"，只要这些字里面没有包含提前设定好的关键词"订机票"，系统都无法处理。而且，只要出现了关键词，比如"我要退订机票"里也有这三个字，也会被处理成用户想要订机票。

自然语言理解这个技能出现后，可以让机器从各种自然语言的表达中，区分出来，哪些话归属于这个意图，而那些表达不是归于这一类的，而不再依赖那么死板的关键词。比如经过训练后，机器能够识别"帮我推荐一家附近的餐厅"，就不属于"订机票"这个意图的表达。

并且，通过训练，机器还能够在句子当中自动提取出"上海"，这两个字指的是目的地这个概念（即实体）；"下周二"指的是出发时间。

这样一来，"机器就能听懂人话啦！"

11.2　RPA 与 NLP

RPA（机器人流程自动化）和 AI（人工智能）是近期两个热门的领域和概念，很多人容易把两者混为一谈，其实，RPA 与 AI 的关系还是比较清晰和简单的。

首先，二者的区别较为明显，有着不同的技术特征。一个与"思考"和"学习"有关，一个则与"做"有关。

AI 结合机器学习和深度学习，具有很强的自主学习能力。通过计算机视觉、语音识别、自然语言处理等技术拥有认知能力，可以通过大数据不断矫正自己的行为，从而有预测、规划、调度以及流程场景重塑的能力。

RPA 作为软件机器人，其需要依靠固定的脚本执行命令，模拟用户手动操作及交互，进行基于明确规则、重复、机械性的劳作，并以外挂形式部署在客户原有的系统上。RPA 和那些自动化生产线上的工业机器人较为相似，只能死板地按照人类给它规定的程序工作。

其次，RPA 和 AI 都有替代人工劳动的功能，AI 与 RPA 的关系，就好比人类大脑和手脚的关系。

在具体应用上二者各司其职，密不可分。

- RPA 倾向于重复地执行命令，AI 更倾向于发出命令。
- RPA 机器人能够将简单的工作自动化，并为 AI 提供大数据。

- AI能够根据RPA提供的数据进行模仿并改进流程。
- RPA以流程为中心,AI以数据为中心。

有了AI的赋能,PRA就可以提升自身的智能化水平,因此智能自动化(IA)、智能流程自动化(IPA)也频繁出现在一些RPA厂商的宣传用语中。我们可以以AI的赋能程度,将RPA简单地划分为三个阶段:

- RPA阶段,没有AI的参与,着重应付结构化、高度重复性的工作。主要涉及批处理、桌面自动化等技术。
- 智能自动化(IA)阶段,可以处理非结构化、一定规律性的任务。主要涉及自然语言处理、深度学习等技术。此阶段也可被看成,认知性RPA阶段,即"RPA 4.0"。
- 人工智能(AI)阶段,非结构化自由形式。主要涉及深度学习、机器学习、认知计算等技术。

而在AI技术中,NLP和OCR是最实用的两项技术。

NLP可以实现常见文本的理解和抽取,实现文本(财务报表、合同、招股说明书、报告等)的智能抽取。例如,金融行业和政府机构都有大量的资料报送和审查场景,存在大量非结构化的数据。一张单据上,无论填写者用"供应商"还是"甲方",表达的意思是一样的,对于RPA机器人,需要深入理解"供应商"还是"甲方"的含义。

11.3 UiBot中的NLP

UiBot目前版本中,提供了两个最基本的自然语言处理命令,一个是"**分词 & 词性标注**",一个是"**实体抽取**"。例如处理如下句子:

```
帮张三订一张9月10日去上海的机票"
```

"分词 & 词性标注"命令将上述句子解析如下,可以看到,将这句话的每个词都解析正确。

```
[{
    "idx_start": 0,
    "pos": "v1",
    "text": "帮"
}, {
    "idx_start": 1,
    "pos": "nh",
    "text": "张三"
}, {
    "idx_start": 3,
    "pos": "v1",
    "text": "订"
}, {
    "idx_start": 4,
    "pos": "m",
    "text": "一"
}, {
    "idx_start": 5,
    "pos": "q",
    "text": "张"
}, {
```

```
        "idx_start": 6,
        "pos": "m",
        "text": "9月"
}, {
        "idx_start": 8,
        "pos": "nt",
        "text": "10日"
}, {
        "idx_start": 11,
        "pos": "vl",
        "text": "去"
}, {
        "idx_start": 12,
        "pos": "ns",
        "text": "上海"
}, {
        "idx_start": 14,
        "pos": "u",
        "text": "的"
}, {
        "idx_start": 15,
        "pos": "n",
        "text": "机票"
}]
```

"实体抽取"命令可以将一个句子中的实体都抽取出来,假设某句话为:"下周一北京到上海的机票是一千两百块钱",则实体抽取源代码如下:

```
dim arrEntity = NLP.Extract("下周一北京到上海的机票是一千两百块钱")
TracePrint arrentity
```

运行后结果如下:

```
[{
"idx_start" : 0,
"name" : "sys.date",
"standard_value" : "2019-12-30",
"text" : "下周一"
},
{
"idx_start" : 3,
"name" : "sys.poi",
"standard_value" : "北京",
"text" : "北京"
},
{
"idx_start" : 3,
"name" : "sys.city",
"standard_value" : "北京",
"text" : "北京"
},
{
"idx_start" : 6,
"name" : "sys.poi",
"standard_value" : "上海",
```

```
"text" : "上海"
},
{
"idx_start" : 6,
"name" : "sys.city",
"standard_value" : "上海",
"text" : "上海"
},
{
"idx_start" : 12,
"name" : "sys.price",
"standard_value" : "1200.00",
"text" : "一千两百块钱"
}]
```

可以看到，上述句子中的"下周一""上海""北京""一千两百块钱"等实体都被正确抽取。UiBot 中已内置支持 50 多种开箱即用的系统实体，包括：日期、时间、节日、姓名、手机号、身份证、邮箱、国家、省份、城市、地址、价格、重量、长度等。

虽然这些功能还比较简单，而且还必须通过互联网向服务器发送请求，才能完成一次分词或实体抽取操作。但这却是复杂 NLP 功能的基础。如果您的业务流程中还需要更复杂的 NLP 技术的支持，例如理解语言中的意图等，可以和 UiBot 官方联系，进行定制化的开发和训练。定制化的版本也可以选择部署在您公司内部的服务器上，即使不连接互联网也能完成任务。

比如，下图中的这段人机对话，就是 UiBot 官方团队中的几位 NLP 专家的研发成果。机器人不仅能准确理解用户的意图，还能记住用户前面所述的意图哦！这样聪明的机器人和 RPA 结合起来，就能完成更多、更复杂、也更有趣的任务。

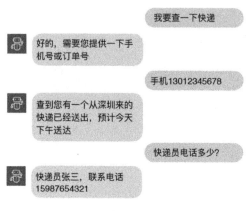

人机对话的机器人

11.4 OCR

我们在前面的内容中提到，有些情况是无法获取界面元素的。此时，使用"图像"类命令，可以找到准确的操作位置。但还不能像有目标的命令那样，把界面元素中的内容读出来。

比如，著名的游戏平台 Steam，其界面使用了 DirectUI 技术绘制，我们无法获得其中的任何文字（虽然这些内容用肉眼很容易看到），如下图所示。此时，就需要祭出 UiBot 的 "OCR" 类命令了。

很难直接获取 Steam 界面中的文字

OCR 的全称是"光学字符识别"，这是一项历史悠久的技术，早在 20 世纪，OCR 就可以从纸质的书本中扫描并获得其中的文字内容。如今，OCR 的技术也在不断演进，已经融入了流行的深度学习等技术，识别率不断提高。我们现在用 OCR 去识别屏幕上的文字，由于这些文字不像纸质书本一样存在印刷模糊、光线不好等问题，所以识别率是非常高的。

UiBot 中包含了以下的 OCR 命令：

> OCR
>   鼠标单击OCR文本
>   鼠标移动到OCR文本上
>   查找OCR文本位置
>   图像OCR识别
>   屏幕OCR

UiBot 的 OCR 命令

其中，"鼠标单击 OCR 文本""鼠标移动到 OCR 文本上""查找 OCR 文本位置"三条命令类似于"图像"类中的"单击图像""鼠标移动到图像上""查找图像"命令，只不过不需要传入图像了，只需要在属性中标明要找的文字即可。

"图像 OCR 识别"命令和"屏幕 OCR"命令类似，只不过前者需要提供一个图像文件，后者需要提供一个窗口以及窗口中的一个区域，UiBot 会在流程运行到这一行的时候，自动在窗口的指定区域截图并保存为一个文件，然后采用和前者一样的方式去执行。

我们先试一下"屏幕 OCR"命令。双击或拖动插入一条"屏幕 OCR"命令，单击命令上的"查找目标"按钮（此时 UiBot Creator 的窗口会暂时隐藏）；把鼠标移动到 Steam 的登录窗口上，此窗口会被红框蓝底的遮罩遮住；此时拖动鼠标，框出一个要进行文字识别的区域，这个区域会用紫色框表示，如下图所示。

选择 OCR 目标

这样的一条命令，会在运行的时候，自动找到 Steam 的登录窗口，并在紫色框指定的位置（相对于窗口的位置）截图，然后识别截图里面的文字，最后把识别到的文字保存在变量 sText 中。

OCR 命令完成之后，为了看到效果，最好加入一条"输出到调试窗口"命令，并指定输出变量 sText。注意 sText 是变量名，而不是字符串，所以两边不加双引号。

完成一条 OCR 命令

运行这个流程块，即可看到效果。只要 Steam 的登录窗口存在，且窗口大小没有发生变化，就能识别出我们所框区域中的文字"账户名称"。

11.5 百度 OCR

俗话说，术业有专攻，OCR 是 RPA 的好伙伴，但一些专业领域的 OCR，由于其专业性较强，需要深厚的积累才能做好。因此，UiBot 除了提供原生的 OCR 功能模块，还接入了第三方的 OCR 服务。在 UiBot 中，默认接入的就是百度云的 OCR 服务，因为百度云的 OCR 技术在国内厂商中还是比较强大的，不仅能识别界面上的文字、数字等，还对发票、身份证、火车票等票证的图像进行了特别优化，能较为准确地识别其中的关键内容（如发票号码、发票金额等）。

为了能够正常接入百度云的 OCR，首先需要满足以下三个要求：

- 要能够接入互联网。百度云是基于互联网的云服务，而不是本地运行的软件，个人使用的话，必须接入互联网。如果是企业用途，不能接入互联网，可能需要和百度云进行商务磋商，购买其离线服务。
- 可能需要向百度付费。百度云 OCR 服务是收费的，但提供了每天若干次（通用文字识别每天 5000 次，证照等识别每天 500 次）的免费额度。个人使用的话，免费额度也基本够用了。当然，百度可能会随时修改免费额度和收费价格等政策，我们无法预估您需要向百度付多少费用。
- 由于百度云是收费的，不可能 UiBot 的用户都共用一个账号。所以每个用户要申请自己的百度云账号，以及百度云 OCR 服务的账号（一般称为 Access Key 和 Secret Key），申请方法很简单，请查看我们的在线教程。

UiBot 中包含了以下的百度 OCR 命令：

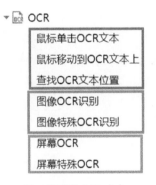

UiBot 的百度 OCR 命令

可以看到，与 UiBot 原生 OCR 命令相比，百度 OCR 命令中也有"鼠标单击 OCR 文本""鼠标移动到 OCR 文本上""查找 OCR 文本位置""图像 OCR 识别"和"屏幕 OCR"这五条命令，这五条命令的使用方法与 UiBot 原生的 OCR 命令用法大体类似，唯一的区别是，需要在"属性"中填写我们在百度云上申请的 Access Key 和 Secret Key。注意 Access Key 和 Secret Key 都是字符串，所以需要保留左右两边的双引号。OCR 命令完成之后，为了看到效果，最好加入一条"输出到调试窗口"命令，并指定输出变量 sText。注意 sText 是变量名，而不是字符串，所以两边不加双引号。

完成一条 OCR 命令

我们再来测试一下"图像特殊 OCR 识别"命令。所谓"特殊",是指我们要测试的是某种特定的图像,如身份证、火车票等。假设我们在 D:\\1.png 文件中保存了如下图像:

要进行特殊 OCR 的图像

插入一条"图像特殊 OCR 识别"命令,按图示修改其属性。除了前文提到的 Access Key 和 Secret Key,还需要指定要识别的图片的文件名,以及选择 OCR 引擎为"火车票识别"。其他属性均保持默认值,运行后,可以在输出栏看到识别的结果。这个结果实际上是一个 JSON 文档,如果需要进一步处理,需要采用 UiBot 提供的 JSON 类命令,但与本章关系不大,略过不表。

特殊 OCR 的属性设置

第 12 章 UB 语言参考

除了可视化视图，还有很多用户喜欢使用 UiBot 的源代码视图来编写一个流程块。源代码视图使用一种 UiBot 自创的编程语言 BotScript（以下简称 UB 语言）来描述流程块。在这一章，我们先学习 UB 语言的基本规则，为后面学习源代码视图打下基础。

本章需要读者有一点编程基础，任何编程语言都可以，只要了解变量、函数等基本概念即可。如果完全没有基础，请先阅读上一章，以便快速入门。

12.1 概述

前文提到，UiBot 的设计理念是"强大""简单""快捷"。简言之，UiBot 既要让没有计算机基础的初学者，通过简单的学习，即可快速掌握流程的编写方法；又要让有一定编程基础的专业人员，能够以最快的速度实现自己的流程。

为了实现这些指标，UiBot 提供了可视化的流程编写界面，便于初学者快速掌握；同时提供了一种简单、易学、接近自然语言的 UB 编程语言，便于专业人员的快速实现。当然，同一个流程块，可以用两种界面来显示，并可以在开发过程中随时切换。

这一章主要介绍 UB 语言的基本语法规则。具有基本编程基础的读者，大约在两小时内即可掌握此规则，再经过数小时的熟悉，即可灵活运用。对于有按键精灵基础的读者，还能进一步缩短学习时间。

对于 UiBot 来说，编程语言只是表达逻辑的工具，关键的功能还是由函数库或插件来实现。所以，语言设计只包括基本的逻辑，所有具体的功能，哪怕是最基本的"延时"功能，都不列入语言设计中，而在函数库中单独设计。本章内容亦不包括函数库的介绍。

UB 语言是专门设计的，而不是市场上流行的编程语言，如 Python、JavaScript 等，是因为 UiBot 的主要受众是那些非计算机专业科班出身，但足够熟悉业务流程的非技术人员。UB 语言的设计尽可能接近自然语言，对于理解基本英文单词的人来说，即使没有学习过，也能大致读懂。

相比之下，以 JavaScript 为例，虽然 JavaScript 是一种很棒的语言，在专业的程序员手里能发挥出很高的效率，甚至 UiBot 本身都有一部分代码是使用 JavaScript 编写的。但这种语言里面大量使用的括号，容易给非专业人员的学习带来障碍，如下图所示。

复杂的 JavaScript

因此，我们设计了专门的 UB 语言，并使这门语言尽可能简化，甚至尽可能少用除字母和数字之外的元素。实际上，我们也考虑过使用市场上流行的编程语言的可能性，因为如果这样做，我们的开发工作量会大大降低，但与此同时，您的学习难度则会大大提高。所以，我们否定了这种思路，决定不采用流行的编程语言如 Python 等，非不能也，是不为也。

但是，在 UB 语言中，吸取了很多其他编程语言的优点。您会在 UB 语言的设计中看到 Basic 语言、Python 语言、JavaScript 语言的一些特点。因为我们在充分理解的基础上，博取众家之长，吸取最容易理解且常用的部分，删去复杂、不常用的部分，使 UB 语言精简、简单、易学、易用。

我们认为 UB 语言是目前最适合 RPA 领域的编程语言。

12.2 基本结构

UB 语言的源代码文件是纯文本格式，扩展名不限，一律采用 UTF-8 编码。

UB 语言的源代码由多条语句组成，和一般的脚本型语言，如 Python、JavaScript 等一样，UB 语言并没有严格的结构和显式指定的入口。执行一个流程块的时候，从第一行开始执行，遇到函数定义暂时跳过，然后继续从函数结束后的一行开始执行。

一般来说，我们推荐一行只写一个语句。如果一定要写多个语句，则用冒号分隔符（:）进行分隔。

如果一行内容不够，需要折行，可以在任意语句中出现的逗号（,）或二元运算符之后直接折行，不需要增加其他额外的符号，也不推荐在其他地方折行。但如果一定要在其他地方折行，则用反斜杠（\）作为折行符号。例如：

```
Dim a= \
1
```

当一行中存在 // 时，表示从这以后的内容都是注释。包含在 /* */ 中的内容，无论多少行都视作注释。例如：

```
// 这里是注释
/*
这里
也是
注释
*/
```

注释在流程运行过程中没有任何作用,仅供我们阅读方便。

UB 语言中所有关键字、变量名、函数名均不区分大小写。例如:变量名 abc、ABC 或者 Abc 都被认为是同一个变量。

12.3 变量、常量和数据类型

12.3.1 数据类型

变量是编程语言中最基础的功能,变量中可以存放数字、字符串等值,并且可以在运行的过程中,随时改变变量中的值。UB 语言中的变量是动态类型的,即变量的值和类型都可以在运行过程中动态改变。这符合一般脚本型语言如 Python、JavaScript 的习惯。变量的类型分为以下几种:整数型、浮点数型、布尔型、字符串型、函数型、复合型和空值型。

整数型的值可以以十进制或者十六进制的方式表示,其中十六进制需加前缀 &H 或 &h。

浮点数的值可以用常规方式或者科学计数法方式表示,如 0.01 或者 1E-2 或者 1e-2 均代表同一个浮点数。

布尔型的值仅有 True 或者 False,两者皆不区分大小写。

字符串型的值用一对单引号(')或一对双引号(")所包围,字符串中可以用 \t 代表制表符,用 \n 代表换行,用 \' 代表单引号,用 \" 代表双引号,用 \\ 代表反斜杠本身。字符串中间可以直接换行,无须增加任何其他符号,换行符也会作为字符串的一部分。

也可以用前后各三个单引号(''')来表示一个字符串,这种字符串被称为长字符串。在长字符串中,可以直接写回车符、单引号和双引号,无须用 \n、\' 或者 \"。

函数型的值只能是已经定义好的函数,在后文详述。

复合型的值包括数组、字典等,在下一节详细阐述。

空值型的值总是 Null,不区分大小写。

例如:

```
a = 1              // a 是整数型变量
a = &HFF           // a 还是整数型变量
a = True           // a 是布尔型变量。作为动态类型语言,a 的类型可以随时变化
a = FALSE          // a 是布尔型变量,注意 True 和 False 都不区分大小写
a = 'UiBot'        // a 是字符串型变量
a = "UiBot
RPA"               // a 是字符串型变量,字符串中可以换行
a = null           // a 是空值型变量,可以写为 Null、NULL 或 null(不区分大小写)
```

12.3.2 变量和常量

变量的定义方式是：

```
Dim 变量名
```

定义变量名的同时，可以给变量赋值一个初始值：

```
Dim 变量名 = 值
```

想要定义多个变量的话，可以这样定义：

```
Dim 变量名1 = 值1, 变量名2
Dim 变量名1 = 值1, 变量名2 = 值2
```

常量的定义方式和变量类似，只是把 Dim 改为 Const，并且必须在定义时就指定值：

```
Const 常量名 = 值, 常量名 = 值
```

常量和变量的唯一区别是，常量只能在定义时指定一次值，后面不允许再修改。

例如：

```
Dim a                // 定义名为 a 的变量，暂不赋值
Dim b = 1            // 定义名为 b 的变量，并赋值为 1
Dim c, d = True      // 定义名为 c 和 d 的两个变量，为 d 赋值 True
Const e = 'UiBot'    // 定义名为 e 的常量，为其赋值为字符串 'UiBot'
Const f              // 错误：常量必须有初始赋值
```

对于有命名的东西（例如：变量、常量、函数等），其名字统称为标识符，标识符需要遵循一定规则定义。

标识符可以用英文字母、下画线（_），任意 UTF-8 编码中包含的除英语以外其他语言的字符（当然，也包括汉字）表示，除了第一个字符，后面还可以使用 0~9 的数字。变量名不区分大小写。

UB 语言规定变量必须经过定义才能使用（除了 For 语句中的循环变量、Try 语句中的异常变量、函数参数等）。变量在函数范围内定义时，属于局部变量，在函数退出时即清空。在函数范围之外任何位置定义时，属于全局变量，在运行过程中不会清空。全局变量可以定义在函数范围外任何位置，不影响其使用，甚至可以在使用变量之后定义。

12.3.3 复合类型

除了常用的整数型、字符串型等简单数据类型，UiBot 还支持两种复合类型：数组、字典。两者在定义时和简单数据类型变量的定义并无区别。

数组类型变量的表示方法为：使用小写方括号包围起来，使用逗号来分隔每个元素，和 VBScript 中的数组定义类似。范例：

```
Dim 数组变量 = [值1, 值2, 值3, 值4]
```

同一个数组中的多个元素的值可以是任意类型，例如：元素的值是整数，就构成一个整数数组；同一个数组中的多个元素也可以是不同类型，例如：第一个元素是整数，第二个元素是字

符串等；甚至，一个数组中的元素也可以是另外一个数组，这样就构成了一般意义上的多维数组。范例：

```
Dim 数组变量 = [值1, 值2, [值11, 值22], 值4]
```

字典类型变量的表示方法为：使用大括号来包围起来，名字和其对应的值为一对，用逗号分隔。范例：

```
{ 名字1:值1, 名字2:值2, 名字3:值3 }
```

其中 **名字** 只能是字符串，**值** 可以是任意类型的表达式。如果您熟悉 JavaScript 或者 JSON，会发现这种初始化方法和 JSON 的表示形式高度相似。

数组和字典类型变量的使用方法为：无论是数组还是字典，要引用其中的元素，均采用方括号作为索引。范例：

```
变量名[索引1]
```

使用这种方法引用数组或者字典中的元素，既可以作为左值也可以作为右值，也就是说，既可以读取该变量的值，也可以为该变量的内容赋值，甚至可以在其中增加新的值。范例：

```
Dim 变量 = [486, 557, 256]                    // 变量可以用中文命名，初值是一个数组
a = 变量[1]                                    // 此时 a 被赋值为 557
变量 = {"key1":486, "key2":557, "key3":256}    // 变量的类型改为一个字典
a = 变量["key1"]                               // 此时 a 被赋值为 486
```

注意：在引用数组或字典中的元素时，数组的索引只能是整数类型，用 0 作为起始索引；字典的索引只能是字符串类型。如果未能正确使用，会在运行时报错。

数组或者字典的引用是可以嵌套的，如果要引用数组中的数组（即多维数组），或者字典中的数组，可以继续在后面写新的方括号。范例：

```
变量 = {"key1":486, "key2":557, "key3":256}              // 变量的类型为一个字典
变量["key4"] = [235, 668]                                // 往字典中增加一个新值，该值是一个数组
// 此时，字典中的内容为 {"key1":486, "key2":557, "key3":256, "key4":[235, 668]}
a = 变量["key4"][0]                                      // 此时 a 被赋值为 235
```

12.4 运算符和表达式

UB 语言中的运算符及其含义如下表：

+	-	*	/	&	^	<	<=
加法	减法/求负	乘法	除法	连接字符串	求幂	小于	小于等于
>	>=	<>	=	And	Or	Not	Mod
大于	大于等于	不相等	相等/赋值	逻辑与	逻辑或	逻辑非	取余数

把变量、常量和值用运算符和圆括号()连接到一起，称为表达式。在上述运算符中，Not 是一元运算符，- 既可以用作一元运算符，也可以用作二元运算符，其他都是二元运算符。一元运算符只允许在右边出现一个元素（变量、常量、表达式或值），二元运算符只允许在左右两边同时出现两个元素。

注意：当 = 出现在表达式内部时，其含义是判断是否相等。当 = 构成一个独立的语句时，其含义是赋值。这里 = 的设计虽然具有二义性，但能更好地被初学者所接受。

UB 语言中删掉一些其他语言中具备、但不常用的运算符，如整数除运算符、位操作运算符等。因为这些运算符的使用场景较少，即使需要，也可以采用其他方式实现。

表达式常用于赋值语句，可以给某个变量赋值，其形式为：

```
变量名 = 表达式
```

注意，当表达式为一个独立的（没有使用任何运算符计算）数组、字典类型的变量时，赋值操作只赋值其引用，也就是说，只是为这个变量增加一个"别名"。当一个数组、字典中的元素发生改变时，另一个也会改变。

例如：

```
a = [486, 557, 256]        // a 是一个数组
b = a                      // b 是 a 的 "别名"
b[1] = 558                 // 改变 b 里面的值，a 里面的值也会跟着改变
c = a[1]                   // 此时 c 的值是 558，而不是原来的 557
a = 557                    // 此时 a 被赋值为 557（变为整数型）
b = a                      // 此时 b 里面的值也是 557，但和 a 分别保存
b = 558                    // b 里面的值发生改变，a 的值不改变
c = a                      // 此时 c 的值仍然是原来的 557，因为 a 不是字典、数组
```

12.5 逻辑语句

12.5.1 条件分支语句

即一般编程语言中最常用的 If…Else 语句，主要用于对某一个或者多个条件进行判断，从而执行不同流程。在 UB 语言中，有以下几种形式：

```
If 条件
    语句块 1
End If
If 条件
    语句块 1
Else
    语句块 2
End If
If 条件 1
    语句块 1
ElseIf 条件 2
    语句块 2
Else
    语句块 3
End If
```

当条件满足时，会执行条件之后的语句块，否则，语句块不会执行。Else 后面的语句块则会在前面所有条件都不满足的时候，才会执行。

例如：

```
// Time.Hour() 可以取得当前时间中的小时数
// TracePrint() 可以把指定的内容输出到 UiBot 的输出栏中

If Time.Hour() > 18                    // 取得当前时间中的小时数
    TracePrint(" 下班时间 ")            // 如果大于18，则执行这里的语句
Else
    TracePrint(" 上班时间 ")            // 如果不满足前面的条件，则执行这里的语句
End If
```

12.5.2　选择分支语句

根据一定的条件，选择多个分支中的一个。先计算 Select Case 后面的表达式，然后判断是否有某个 Case 分支和这个表达式的值是一致的。如果没有一致的 Case 分支，则执行 Case Else（如果有）后面的语句块。

```
Select Case 表达式
    Case 表达式1, 表达式2
        语句块1
    Case 表达式3, 表达式4
        语句块2
    Case Else
        语句块3
End Select
```

例如：

```
Select Case Time.Month()               // 取得当前时间中的月份
    Case 1,3,5,7,8,10,12               // 如果是1、3、5、7、8、10、12月
        DayOfMonth = 31                // 当月有31天
    Case 4,6,9,11                      // 如果是4、6、9、11月
        DayOfMonth = 30                // 当月有30天
    Case Else                          // 如果是其他（也就是2月）
        DayOfMonth = 28                // 当月有28天（不考虑闰年的情况）
End Select
TracePrint(DayOfMonth)
```

12.5.3　条件循环语句

在 UB 语言中，使用 Do…Loop 语句来实现条件循环，即满足一定条件时，循环执行某一语句块。Do…Loop 语句有以下五种不同的形式，用法较为灵活。

1. **前置条件成立则循环**：先判断条件，条件成立则循环执行语句块，否则自动退出循环。

```
Do While 条件
    语句块
Loop
```

2. **前置条件不成立则循环**：和前一条相反，条件成立则退出循环，否则循环执行语句块。

```
Do Until 条件
    语句块
Loop
```

3. **后置条件成立则循环**：先执行语句块，再判断条件，条件成立则继续循环执行语句块，否则自动退出循环。

```
Do
    语句块
Loop While 条件
```

4. **后置条件不成立则循环**：先执行语句块，再判断条件，条件成立则自动退出循环，否则继续循环执行语句块。

```
Do
    语句块
Loop Until 条件
```

5. **无限循环**：该循环语句本身不进行任何条件的判断，需要在语句块中自行做判断，如果语句块中没有跳出循环的语句，则会无限地执行该循环。

```
Do
    语句块
Loop
```

例如：

```
Do Until Time.Hour() > 18              // 判断当前时间中的小时数，只要不大于18就循环
    TracePrint("还没有到下班时间")      // 每次循环，都会执行这里的语句
    Delay(1000)                        // 每判断一次，休息一秒钟
Loop
TracePrint("下班时间到啦")              // 如果大于18，则跳出循环，执行这里的语句
```

12.5.4 计次循环语句

计次循环语句主要用于执行一定次数的循环，其基本形式为：

```
For 循环变量 = 起始值 To 结束值 Step 步长
    语句块
Next
```

在计次循环语句中，起始值、结束值、步长都只允许是整数型或者浮点数型；步长可以省略，默认值为1。变量从起始值开始，每循环一次自动增加步长，直到大于结束值，循环才会结束。

在计次循环语句中，循环变量可以不用 Dim 语句定义，直接使用，但在循环结束后就不能再使用了。

例如：

```
Dim count = 0                          // 定义变量count
For i=1 To 100                         // 每次循环，变量i都会加1。这里变量i不需要定义
    count = count + i
Next
TracePrint(count)                      // 这里会显示1+2+3+…+100 的结果，即5050
```

12.5.5 遍历循环语句

遍历循环语句可以用于处理数组、字典中的每一个元素。遍历循环语句有以下两种形式：

```
For Each 循环变量 In 数组或字典
    语句块
Next
```

在这种形式的循环语句中，会自动遍历数组、字典中的每一个值，并将其置入循环变量中，直到遍历完成为止。

或者：

```
For Each 循环变量1, 循环变量2 In 数组或字典
    语句块
Next
```

在这种形式的循环语句中，会自动遍历数组、字典中的每一个索引和值，并将其分别置入循环变量1、循环变量2中，直到遍历完成为止。

和计次循环语句类似，在遍历循环语句中，循环变量可以不用 Dim 语句定义，直接使用，但在循环结束后就不能再使用了。

例如：

```
Dim days = [31, 28, 31, 30, 31, 30, 31, 31, 30, 31, 30, 31]    // 定义数组型变量 days
Dim count = 0
For Each i In days                          // 每次循环，变量 i 的值分别为 days 中的每个值
    count = count + i                       // 把数组中的每个值依次加起来
Next
TracePrint(count)                           // 这里会显示一年中每个月的天数的累加和，即 365
```

12.5.6 跳出语句

在 UB 语言中，支持以下形式的循环跳出语句：

```
Break
```

只能出现在条件循环、计次循环或遍历循环等循环语句的内部语句块中，其含义是立即跳出当前循环。

```
Continue
```

只能出现在条件循环、计次循环或遍历循环等循环语句的内部语句块中，其含义是立即结束当前循环，并开始下一次循环。

例如：

```
Dim days = { '一月':31, '二月':28, '三月':31,
             '四月':30, '五月':31, '六月':30,
             '七月':31, '八月':31, '九月':30,
             '十月':31, '十一月':30, '十二月':31 }    // 定义字典型变量 days

For Each i,j In days                        // 每次循环，变量 i、j 分别为 days 中每个名字和值
    If j Mod 2 = 0                          // 如果 j 是偶数
```

```
            Continue                    // 结束本次循环，开始下一次循环
        End If
        TracePrint(i)                   // 把 days 中的名字（其值不是偶数）显示出来
Next
```

另外，在流程块中的任何地方，只需要书写

```
Exit
```

不需要任何参数，即可在执行到此行的时候，自动结束整个流程（不是当前流程块）的执行。

12.6 函数

所谓函数，是指把一组常用的功能包装成一个语句块（称为"定义"），并且可以在其他语句中运行这个语句块（称为"调用"）。使用函数可以有效地梳理逻辑，以及避免重复代码的编写。

函数的定义和调用没有先后关系，可以先出现调用，再出现定义。但函数必须定义在全局空间中，也就是说，函数定义不能出现在其他函数定义、分支语句、循环语句下面的语句块中。

函数定义中可以包含参数，参数相当于是一个变量，但在调用时，可以由调用者指定这些变量的值。

定义函数的格式如下：

- 无参数的函数

```
Function 函数名()
    语句块
End Function
```

- 有参数的函数

```
Function 函数名(参数定义1, 参数定义2)
    语句块
End Function
```

其中，参数定义的格式可以只是一个变量名，也可以是变量名 = 表达式的形式。对于后者来说，表示这个参数带有一个"默认值"，其默认值由"表达式"来确定。

如果函数有参数，则参数中的每个变量名都被认为是此函数内已经定义好的局部变量，无须使用 Dim 语句定义。

在函数定义中，要退出函数并返回，采用以下写法：

```
Return 返回值
```

当执行到这一语句时，将跳出函数并返回到调用语句的下一行。返回的时候可以带一个返回值（具体作用下文叙述）。返回值可以忽略，默认为 Null。当执行到函数末尾的时候，无论有没有写 Return 语句，都会返回。

例如：

```
Function Add(x, y=1)            // 定义了两个参数的函数，第二个参数有默认值
```

```
        Return x + y                       // 返回值为x+y的值
End Function
```

调用函数的格式如下：

```
返回 = 函数名 ( 表达式 1, 表达式 2)
```

或者

```
函数名 ( 表达式 1, 表达式 2)
```

按照第一种格式调用，可以指定一个变量作为返回，当函数调用完成后，函数的返回值会自动赋值给这里的返回变量，调用者可以通过返回值，了解到函数调用的情况。此时，必须在被调用的函数名后面加圆括号。而当按照第二种格式调用时，调用者不需要返回值，则可以省略圆括号，使语句更符合自然语言习惯。

当调用时，相当于对函数中的参数进行了一次赋值运算，用表达式的值对其赋值。与赋值运算的规则相同，当表达式为一个独立的（没有使用任何运算符计算）数组、字典时，赋值操作只赋值其引用，也就是说，只是为变量增加一个"别名"。

调用函数时，传入的表达式的数量可以少于参数的数量。如果某个参数没有传入值，或者传入值为 Null，则采用其默认值。没有默认值的参数，调用函数时必须传入值或者表达式。

例如，对于上面定义的函数，可以按照如下的方式调用：

```
a = Add(100)                  // 调用 Add 函数，第二个参数取默认值1，所以 a 的值是 101
b = Add(100, 200)             // 调用 Add 函数，指定了两个参数，所以 b 的值是 300
Add 100, 200                  // 调用 Add 函数，不关心返回值，所以可以不写括号
```

当函数定义完成后，其名称可以作为一个函数类型的常量使用，也可以把函数名称赋值给某个变量，用这个变量也可以调用这个函数。

例如，对于上面定义的函数 Add，可以按照如下方式使用：

```
Dim Plus = Add
TracePrint Plus(100, 200)
// 相当于先调用了 Add 函数，再用其返回值调用了 TracePrint 函数，结果是 300
```

除在流程块中定义的函数之外，UB 语言中也已经内置了很多函数，可以完成各种丰富的功能。比如上面例子中的 TracePrint 就是一个内置函数。

12.7　其他

12.7.1　多模块

UB 语言支持多模块，可以用其他语言实现扩展模块，并在当前流程块中使用。目前支持以下几种类型的模块：1）UB 语言的流程块；2）Python 语言的模块；3）C/C++ 语言的模块；4）.Net 的模块；5）Lua 语言的模块。不同的模块有不同的扩展名，去掉扩展名以后，剩下的文件名就是模块的名字。比如某个 Python 语言的模块，文件名为 Rest.py，则其模块名为 Rest。

在 UB 语言中，采用以下方式导入一个模块：

```
Import 模块名
```

注意这里的模块名的书写规则和变量名一致，不需要采用双引号，也不需要加扩展名。如 Import Rest。UiBot 在编译和运行时会自动按照 C 语言模块、.Net 语言模块、Python 语言模块、Java 语言模块、UB 语言流程块的先后顺序，依次加上相应的扩展名进行查找。在 Windows 中，由于文件名不区分大小写，所以 Import 语句后面的模块名也可以不区分大小写。在其他操作系统中，需要注意模块名的大小写要和文件一致。

每个导入的模块，都会被放置在一个与模块名同名的"命名空间"中，可以通过下面这种方式来调用导入模块中的函数：

```
命名空间.函数名
```

即在命名空间和函数名之间加一个点号（.）进行分隔。

对于 Python、Java 语言的模块，只会保留其中的全局变量定义和函数定义，其他内容都会被忽略。对于 C 语言的模块和 .Net 模块，只能调用其中定义的函数。

如果要导入一个 UB 语言的流程块，则需要导入和被导入的流程块文件在同一个目录下。导入 UB 语言的流程块之后，既可以调用被导入的流程块中定义的函数，又可以直接以流程块的名字作为函数名，直接运行这个流程块中的所有命令。例如，有一个流程块 ABC.task。在其他流程块中 Import 之后，直接采用下面的格式即可直接调用 ABC.task（相当于运行了 ABC.task 这个流程块）：

```
ABC()
```

假设流程块 ABC.task 中定义了一个函数，名为 test，则可以采用下面的格式调用这个函数：

```
ABC.test()
```

12.7.2 异常

作为动态类型语言，有很多错误在编译时难以检查，只能在运行时报错。而且，由于 UiBot 不强调运行速度，而更强调运行的稳定性，也会在运行时加入比较多的检查。当出错的时候，比较合适的报错手段是抛出异常。比如，对于有目标命令，在运行的时候，如果到了超时时间都不能找到目标，就会自动抛出一个异常。

除了自动抛出的异常，在流程块中，还可以采用 Throw 语句抛出一个异常：

```
Throw 字符串
```

在抛出异常时，可以把异常相关信息以字符串的形式一起抛出，也可以省略这个字符串。

如果在流程块中没有对异常进行处理，当出现异常时，整个流程都会终止执行，并且把异常相关信息显示出来，如下图所示：

流程运行的时候出现异常

如果不希望流程在发生异常的时候终止，可以采用以下语句对异常进行处理：

```
Try
    语句块
Catch 变量名
    语句块
Else
    语句块
End Try
```

如果在 Try 后面的语句块中发生了异常，会跳到 Catch 后面的语句块中执行。如果在 Try 语句块中没有发生异常，且定义了 Else 语句块（当然，也可以省略 Else 语句块），则会跳到 Else 语句块中执行。

Catch 语句后面的变量名可以省略。如果不省略，可以不用 Dim 语句提前定义，当发生异常时，这个变量的值是一个字典，其中包含"File""Line"和"Message"三个字段，分别代表发生异常的文件名、发生异常的行号、异常包含的信息。

第 13 章 编写源代码

前文提过，UiBot 的流程块可以用可视化视图编写，也可以用源代码视图编写。两者各有优缺点。在前面章节中，我们大多数都是采用可视化视图来举例的。在这一章，将讲述如何用源代码的方式，来实现前面已经实现过的功能。

UiBot 完全可以只用可视化视图来编写流程块，也就是说，这一章的内容可以跳过不看。但是，一旦掌握源代码视图，编写的效率会大大提升，建议有一定基础的读者酌情进行学习。

13.1 基本规则

用 UiBot Creator 打开一个流程块，默认出现的是可视化视图。可视化视图上面有一个左右拨动的开关，把它拨到"源代码"那一边，即可开启源代码视图。

开启源代码视图后，最直观的感受是：1) 不再使用那些整整齐齐排列的方框来显示命令了；2）右边的属性/变量栏消失了。当然，我们在源代码视图一节中提到，UiBot 的可视化视图和源代码视图是完全等价的，两者可以随时互相转换。那么，这些命令、属性和变量，在源代码视图中是如何表现的呢？

UiBot 的源代码视图遵循以下规则：
- 用一个源代码文件来表示一个**流程块**，源代码文件的扩展名默认是 .task
- 用函数调用来表示一条**命令**
- 用函数调用时传入的参数，来表示命令的**属性**
- 用 Dim 语句来定义变量

如下图所示的例子，在可视化视图中，我们可以通过简单的拖放，插入一条"启动 IE 浏览器"的命令，并设置其属性。而如果用源代码视图来写，大致是箭头所指向的内容。

从图中不难看出，"启动 IE 浏览器"的命令在源代码视图中实际上是对函数 WebBrowser. Create 的调用；启动 IE 浏览器时设置的各项属性，都是函数调用中的变量，如 "about:blank" 等；命令中使用到的变量，需要用 Dim 语言定义。

可视化视图和对应的源代码视图

UiBot 支持的命令非常丰富，在源代码视图中，这些命令都使用函数来表示。所以，UiBot 实际上在 UB 语言的基础上，内置了一个很大的函数库。其中，最常用的一部分函数是没有命名空间的，如 Delay 函数；其他函数都是包含一个命名空间的，如前面例子中的 WebBrowser.Create 函数，其命名空间是 WebBrowser。对于有命名空间的函数，大部分都是通过 UB 语言中的多模块机制，利用一个模块实现的，所以在使用前需要先用 Import 语言导入相应的模块，例如 WebBrowser.Create 函数，在使用前需要写 Import WebBrowser。当然，还有几个基础功能，其命名空间是会自动 Import 的，就不需要我们再做一次 Import 了，包括 Math、Log、Json 等。

UiBot 支持的全部命令，其文档可以参考这里。在本文中，我们仅列出目前版本中已支持的主要命名空间及其功能概述，供读者参考。如对其中某个命名空间的功能有兴趣，再查阅文档不迟。注意，UB 语言中的各种名字、关键字都不区分大小写，所以下表中列出的各个命名空间，都可以按全大写、全小写或各种大小写混合的方案进行书写。

命名空间	功能概述
Mouse	鼠标模拟相关功能
Keyboard	键盘模拟相关功能
UiElement	对界面元素的各种操作
Text	对界面元素上的文本的各种操作
Image	在 [无目标命令][无目标命令] 中，通过图像进行各种操作

续表

命名空间	功能概述
OCR	在 [无目标命令][无目标命令] 中，通过识别图像内容得到其中文本
WebBrowser	对浏览器的各种操作
Window	对 Windows 操作系统中窗口的各种操作
Excel	对 Excel 的各种操作
Word	对 Word 的各种操作
File	普通文件的读写等相关功能
INI	INI 格式文件的读写等相关功能
Json	Json 格式字符串和 UB 中的字典类型的相互转换
Sys	和操作系统相关的各种操作
HTTP	访问 HTTP 服务的相关功能
Log	在流程运行中记录日志的相关功能
Regex	正则表达式的匹配和查找等相关功能
Math	数学运算相关功能
Time	和时间相关的功能
App	对应用程序的各种操作
CSV	CSV 格式文件的读写等相关功能
Mail	对电子邮件的各种操作
Clipboard	对剪贴板的各种操作
Dialog	弹出各类对话框，可以和最终用户进行简单交互
Set	集合相关功能

比如，我们对 Mouse 下面的功能感兴趣，一种方法是查阅文档，看看这个命名空间下面有哪些函数，每个函数有哪些参数。另外，如果您的手已经放在键盘上了，还有另一种更快捷的方法，如下所述：

1. 在 UiBot Creator 的源代码视图中，随便找一个空行，然后键入 Mouse（其实都不需要完整输入，只需要输入首字母 m，即可自动联想到相关的关键词，按上下箭头选择，并按回车键确认即可）。

2. 键入一个 . 符号，此时，会自动列出 Mouse 命名空间下的所有函数。

3. 继续按上下箭头选择，每个选中的函数，都会出现其功能的简要说明，按回车键确认要用的函数。

4. 再键入一个左括号 (，此时，会自动列出这个函数的参数，并显示第一个参数的说明。

5. 此后，每输入一个参数，按逗号进行参数分隔后，会自动切换到后续参数的说明。

上述过程大致如下图所示：

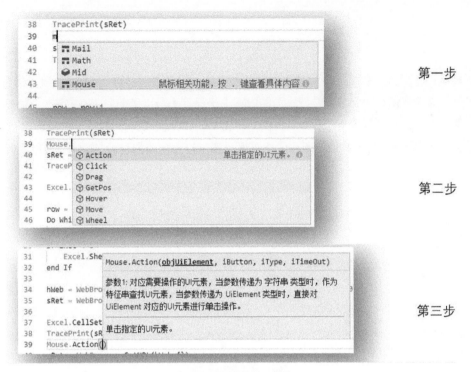

快速查看函数列表和说明

13.2 有目标命令

我们在前面教程已经学习了，如何使用可视化视图，插入一条"鼠标"分类下的"单击目标"操作，并选择 Windows 的开始菜单按钮作为目标。

在可视化视图中插入这条命令后，不妨切换到源代码视图，看看这条命令在源代码视图中是如何展现的（为了方便看清，这里把语句折行了，但不影响效果）：

```
#icon("@res:qv7bde32-f981-uf16-kap0-egcv2lo4bqt5.png")
Mouse.Action({"wnd":[{"app":"explorer","cls":"Shell_TrayWnd"},{"cls":"Start","title":"开始"}]},
    "left","click",10000,{"bContinueOnError":false,"iDelayAfter":300,"iDelayBefore":200,
    "bSetForeground":true,"sCursorPosition":"Center","iCursorOffsetX":0,"iCursorOffsetY":0,
    "sKeyModifiers":[],"sSimulate":"simulate"})
```

"单击目标"操作的源代码视图

看上去好复杂！但是，不要怕，我们来简化一下：

第一行，以 # 符号开头，可以简单地认为是一种特殊的注释，对流程的运行没有影响，可以省略掉。其实，在 UiBot Creator 中用浅灰色显示，也是建议您不要纠结于此。

第一行之后的内容其实是一个函数调用，调用的函数是 Mouse.Action，这个函数包含 5 个参数。但实际上，只有第一个参数是必需的，后面的参数都可以省略。我们不妨把可以省略的内容都去掉，只剩下如下图所示的内容：

```
Mouse.Action({"wnd":[{"app":"explorer","cls":"Shell_TrayWnd"},{"cls":"Start","title":"开始"}]})
```

"单击目标"操作的源代码视图（简化后）

不难看出，函数只剩下了一个参数，这个参数是一个字典类型，代表了要单击的目标。当然，即便是这样简化，这个字典类型里面的内容也是很难手写出来的。怎么办呢？请注意，在源代码视图的上方，有"元素""图像""窗口""区域"四个按钮，分别还有对应的热键 Alt+1、Alt+2、Alt+3、Alt+4。由于我们需要用一个界面元素来作为命令的目标，所以，这里单击"元素"按钮。

源代码视图上方的快捷按钮

单击后，UiBot Creator 的界面暂时消失，出现了"目标选择器"，也就是红边蓝底的半透明遮罩。这个"目标选择器"的用法，和可视化视图中选取目标的方法一模一样，只需要把鼠标移动到目标上，待遮罩恰好遮住目标的时候，单击鼠标左键即可。如果您对"目标选择器"的操作还不熟悉，请回头复习前面教程的相关内容。

选择目标之后，会弹出 UiBot Creator 的"目标编辑器"对话框，如下图所示。我们在前面已经学习过如何使用目标编辑器来修改目标的特征，以避免造成目标的"错选"或"漏选"。这里的使用方法仍然与前面一致，仅有一点点细微的差别：右下角的按钮变成了"复制到剪贴板"。按下这个按钮，UiBot Creator 会把目标的各个特征重新组合成一个字典类型的值，并把这个值以文本的形式复制到操作系统的剪贴板中。之后，只需要回到源代码视图，把剪贴板里的这段文本粘贴到函数调用 Mouse.Action 中作为参数，即可完成这条命令的编写。

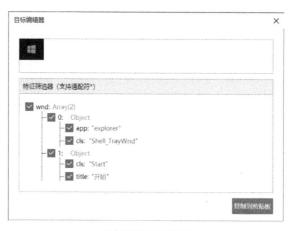

目标编辑器的界面

不妨把这段文本粘贴到记事本里，可以看到，其内容就是描述目标的字典类型的值：

```
{"wnd":[{"app":"explorer","cls":"Shell_TrayWnd"},{"cls":"Start","title":" 开始"}]}
```

在UiBot中书写一条Mouse.Action()函数调用,并把上述内容粘贴到圆括号里面,即可完成这条命令:

```
Mouse.Action({"wnd":[{"app":"explorer","cls":"Shell_TrayWnd"},{"cls":"Start","title":"开始"}]})
```

举一反三,我们试试做一点儿更多的操作。比如,把这个开始菜单按钮的图像,保存到一个图像文件里面去。用UiElement.ScreenShot函数可以完成这个任务。这个函数有两个必选的参数,第一个参数仍然是指定界面元素作为目标,第二个参数是要保存的图像文件的路径。也就是说,第一个参数和前面Mouse.Action的参数是完全一样的,把刚才复制到剪贴板的内容直接粘贴到这里就行;第二个参数写一个文件路径即可,比如 "C:\\temp\\1.png"。这里有两个值得注意的细节问题:

- 由于需要写文件,所以请注意,需要写到有权限的路径下。比如,UiBot默认不是以管理员账号启动的,所以诸如 "C:\\" 这样的路径就是不具有写权限的,但 "C:\\temp" 具有写权限。
- 我们使用了字符串来表示文件路径,按照前文中UiBot的规定,字符串中要用转义字符 \\ 来表示一个反斜杠 \,所以路径需要写为 "C:\\temp\\1.png" 的格式。

保存并运行,即可看到开始菜单按钮的图像被存为一个文件。

回过头看看这段源代码,不难发现,"开始菜单按钮"这个目标被重复使用了两次,不好看。我们稍微改造一下,成为下面的样子:

```
Dim StartButton = {"wnd":[{"app":"explorer","cls":"Shell_TrayWnd"},{"cls":"Start","title":"开始"}]}
Mouse.Action(StartButton)
UiElement.ScreenShot(StartButton, "C:\\temp\\1.png")
```

这样看起来就清晰多了。

第 14 章 高级开发功能

UiBot Creator 是一个强大的开发平台，除了提供一门用来进行流程开发的 UB 语言，UiBot 还提供许多高级集成开发工具才有的高级开发功能，包括流程调试、单元测试块、时间线、模块化、命令中心等。

14.1 流程调试

当我们兴致勃勃地用 UiBot 写完一个流程并运行后，总是期待得到成功的结果。但是有时候往往达不到预期的效果，尤其是对于新手而言，要么运行的时候 UiBot 报错，要么 UiBot 不报错，但是流程运行没有得到预想的结果。这个时候就需要对流程进行调试了。

> 所谓调试，是将编制的程序投入实际运行前，用手工或自动等方式进行测试，修正语法错误和逻辑错误的过程，是保证计算机软件程序正确性的必不可少的步骤。

其实，我们在前面已经大量使用了一种最原始、最朴素，但也是最常用、最实用的一种程序调试方法："输出调试信息"命令。在关键代码的上一行或下一行添加输出调试信息，查看参数、返回值是否正确。从严格意义上来说，这并不能算是一种程序调试的方法，但是确实可以用于测试和排除程序错误，同时也是某些不支持调试的情况下一个重要的补充方法。

本节将会介绍"真正意义上"的程序调试方法，可以根据提示的错误信息、监测的运行时变量，准确定位错误原因及错误位置。

14.1.1 调试的原则

首先，我们要清晰地认识到：程序，是人脑中流程落实到编程工具的一种手段；程序调试，本质上是帮助理清人脑思路的一种方式。因此，在调试的过程中，人脑一定要清晰，这样才能迅速和准确地定位和解决问题。

1. 冷静分析和思考与错误相关的提示信息。
2. 思路要开阔，避免钻死胡同。一个问题，如果一种方法已验证行不通，就需要换种思路尝试。
3. 避免漫无目的试探，试探也要有目的性地缩减排查的范围，最终定位出错的地方。
4. 调试工具只是定位错误位置、查找错误原因的辅助方法和手段。利用调试工具，可以帮助理清程序中的数据流转逻辑，可以辅助思考，但不能代替思考，解决实际问题时仍需要根据调试的提示信息，自己思考后做出正确的判断。

5. 不要只停留于修正了一个错误，而要思考引起这个错误的本质原因，是粗心写错了名称，还是用错了命令？抑或是流程设计上就有问题？只有找到了引起错误的本质原因，才能从根本上规避错误，以后不再犯类似错误。

14.1.2 调试的方法

首先，要对系统的业务流程非常清楚。业务产生数据，数据体现业务，流程的运行逻辑也代表着业务和数据的运转过程。当错误发生时，首先应该想到并且知道这个问题的产生所依赖的业务流程和数据。

比如：当单击"提交"按钮时，表单提交出现错误。这时应该思考：单击"提交"按钮后，发生了哪些数据流转？再根据错误现象及报错提示信息，推测该错误可能会发生在这个业务数据流转过程中的哪个位置，从而确定我们调试的断点位置。

14.1.3 UiBot 的调试方法

添加和删除断点

在 UiBot 中，可以设置断点，在调试的过程中，遇到断点会自动停下来。考虑到 UiBot 的主要业务逻辑在流程块中，所以只需要在流程块中设置断点，即可满足调试要求。

我们知道，流程块包含了"可视化"和"源代码"两种视图，无论哪一种，都可以用以下方式来添加和删除断点：

1.单击任意一行命令左边的空白位置，都可以添加断点。再次单击这个位置，可以删除这个断点。

2.选中一行命令，在菜单中选择"运行"→"设置/取消断点"命令，原先没有断点的，会加上断点；原先有断点的，会删掉这个断点。

3.选中一行命令，直接按快捷键 F4，效果同上。

设置断点后，这一行命令的左边空白处会出现一个红色的圆形，同时这一行命令本身的背景也会变红，如下图所示。

添加和删除断点

调试运行

在编写流程块的过程中，我们可以发现：在菜单栏的"运行"一栏下面，分别有四个菜单项：运行、运行全流程、调试运行、调试运行全流程。单击工具栏的"运行"图标右边的下拉按钮，也有类似的四个选项。它们的含义分别是：

1. 运行：只运行当前流程块，并且忽略其中所有的断点。
2. 运行全流程：运行整个流程图，并且忽略其中所有的断点。
3. 调试运行：只运行当前流程块，遇到断点会停下来。
4. 调试运行全流程：运行整个流程图，遇到断点会停下来。

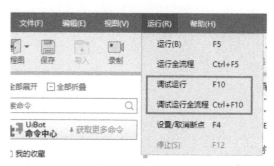

调试运行菜单项

调试运行工具栏

单步调试

当调试运行时，程序运行到断点处，会自动停下来。此时，在调试状态栏列出了常见的四个调试运行动作：继续运行(F6)、步过(F7)、步入(F8)、步出(F9)。"继续运行"指的是继续运行到下一个断点；"步过"指的是继续运行下一条命令；"步入"指的是继续运行下一条命令，如果下一条命令是函数，那么进入函数，在函数内的第一条命令处停下来；"步出"指的是跳出本层函数，并返回到上一层。

调试状态栏的左下方列出了本流程块变量的值，在程序运行到断点位置暂停时，进行下一步调试，这时需要特别注意观察程序运行的每一步的数据是否为业务流程处理的正确数据，来判断程序是否正确执行。这些数据包括输入数据、返回数据等，如果程序运行起来后，并没有进入我们预先设定的断点处，此时需要根据错误信息和业务处理流程逻辑重新推测错误的发生位置，重新设置断点。最终不断将一个大的问题细化拆解，最终精确定位错误点。

单步调试

调试状态栏的右下方列出了本流程块的断点列表,大家可以根据需要启用、禁用和删除断点。

断点列表

打断点的技巧

一般打断点的方式及位置是:
- 在有可能发生错误的方法的第一行逻辑程序处打断点。
- 在方法中最有可能发生错误的那一行程序处打断点。

14.2 单元测试块

一般来说,一个流程图由一个或多个流程块组成,如果该流程比较复杂,那么流程中包含的流程块数量一般比较多,或者单个流程块的命令条数比较多。我们对流程图中靠后执行的流程块进行调试时,如果靠后流程块依赖靠前流程块的数据输入,那么靠后流程块的调试将会非常费时费力。我们举一个具体实例:假设某个流程由两个流程块组成,分别叫作"靠前流程块"和"靠后流程块",流程中定义了两个全局变量 x 和 y,"靠前流程块"中分别为 x 和 y 赋值为 4 和 5,"靠后流程块"分别打印出 x、y 和 $x+y$ 的值。

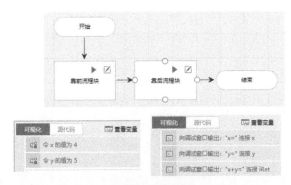

单元测试块的实例

我们在流程图视图下单击运行,可以看到,UiBot 可以输出正确的结果:

```
[20:31:27]被调用流程块(uibot380a032ea49958.task)第3行:"x=4"
[20:31:27]被调用流程块(uibot380a032ea49958.task)第4行:"y=5"
[20:31:27]被调用流程块(uibot380a032ea49958.task)第5行:"x+y=9"
```

运行全流程 得到正确结果

假如我们要单独测试一下"靠后流程块"的功能(其实就是一个加法模块)是否正确,此时"靠后流程块"是无法单独执行的,我们在"靠后流程块"的可视化视图或源代码视图下单击运行,会报错:

```
[20:31:49]uibot380a032ea49958.task 第1行:名字 x 没有找到,已自动定义为变量
[20:31:49]uibot380a032ea49958.task 第1行:名字 y 没有找到,已自动定义为变量
[20:31:49]uibot380a032ea49958.task 第1行:尝试去执行算术运算一个null值 (全局 'X')
```

运行单个流程块 报错

为了测试这个"靠后流程块",必须要执行"靠前流程块",因为 x 和 y 赋值操作来源于"靠前流程块"。这里"靠前流程块"比较简单,只做了几个赋值操作,如果"靠前流程块"比较复杂,例如 x 和 y 的值分别来源于抓取天猫和京东两个网站某类商品后的统计数量。那么测试这个"靠后流程块"的代价将非常大。

那怎么办呢?强大的 UiBot 从 5.0 版本开始,提供了一种单元测试块,可对单个流程块进行测试。回到刚才的例子,我们来看看单元测试块的具体用法。

打开"靠后流程块"的源代码视图,在命令中心"基本命令"的"基本命令"目录下,插入一条"单元测试块"命令。我们可以看到,在源代码视图下,UnitTest 和 End UnitTest 中间就是单元测试块,我们在中间填入测试命令分别为 x 和 y 赋值 3 和 2。

撰写单元测试块

我们在"靠后流程块"的可视化视图或源代码视图下再次单击运行,此时执行正确:

```
输出
[20:32:34]uibot380a032ea49958.task 第3行: "x=3"
[20:32:34]uibot380a032ea49958.task 第4行: "y=2"
[20:32:34]uibot380a032ea49958.task 第5行: "x+y=5"
```

运行单元测试块

单元测试块具有如下特性：

第一、单元测试块不管放置在流程块中的什么位置，都会被优先执行。

第二、只有在运行单个流程块时，这个流程块中的单元测试块才会被执行；如果运行的是整个流程，流程块中的单元测试块将不会被执行。

第一条特性保证了调试单个流程块时，单元测试块肯定会被执行到；第二条特性保证了单元测试块的代码不会影响整个流程的运行，不管是运行单个流程块，还是运行整个流程，都可以得到正确的结果。

14.3 时间线

源代码的版本控制是软件开发中一个十分重要的工程手段，它可以保存代码的历史版本，可以回溯到任意时间节点的代码进度。版本控制是保证项目正常进行的必要手段。对初学者学习而言，建议在开始进行实践小项目的阶段即进行源代码版本控制，这在以后的工作中会大有裨益。

UiBot 通过集成著名的代码版本控制软件 Git，提供了强大的版本控制手段："时间线"。所谓时间线，指的是不同时间点的代码版本。

1. 手动保存时间线

用户将鼠标移到工具栏"时间线"按钮上，"时间线"按钮上出现"保存时间线"按钮，单击"保存时间线"按钮，即可保存将该时间点的流程。保存时间线时，需要填写备注信息，用于描述该时间点修改了代码的哪些内容。

保存时间线

2. 自动保存时间线

如果用户不记得保存时间线，没关系，UiBot 每隔五分钟，会自动保存时间线；如果这段时间内用户未修改流程内容，则不保存时间线。

3. 查看时间线

单击工具栏"时间线"按钮，"时间线"页面按照"今天""七天之内""更早之前"列出已保存的时间点，单击任意一个时间点，可查看当前文件和选中时间点文件的内容差异，内容差异会用红色背景标识出。

如果要恢复该时间线的部分代码，可以直接单击代码对比框的蓝色箭头，直接将该段代码恢复到现有代码中。

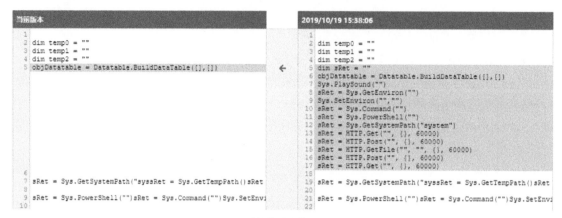

时间线对比代码

4. 在"时间线"页面，单击任意一个时间点的备注详情，可查看该时间点备注的详细信息，如图所示：

查看时间线备注

5. 在"时间线"页面，单击任意一个时间点的恢复按钮，可将该时间线的代码内容恢复至现有代码，恢复后的时间点，会在左上角有个绿色的 R 标记，表示 Revert（恢复），鼠标移动到 R 标记上，会显示从哪个时间点恢复的具体时间点。

恢复时间线

14.4 模块化

14.4.1 模块化概述

模块化的思想在许多行业中早已有，并非计算机科学所独创。

例如，建筑行业很早就提出了模块化建筑概念，即在工厂里预制各种房屋模块构件，然后运到项目现场组装成各种房屋。模块构件在工厂中预制，便于组织生产、提高效率、节省材料，受环境影响小。模块组装时施工简便快速、灵活多样、清洁环保，盖房子就像儿童搭建积木玩具一样。

又如，现代电子产品功能越来越复杂、规模越来越大，利用模块化设计的功能分解和组合思想，可以选用模块化元件（如集成电路模块），利用其标准化的接口，搭建具有复杂功能的电子系统。模块化设计不但能加快开发周期，而且经过测试的模块化元件也使得电子系统的可靠性大大提高，标准化、通用化的元件使得系统易构建、易维护。

总之，模块化的思想就是在对产品进行功能分析的基础上，将产品分解成若干功能模块，预制好的模块再进行组装，形成最终产品。

14.4.2　UiBot 的模块化

模块化编程是一种软件设计技术，它将软件分解为若干独立的、可替换的、具有预定功能的模块，每个模块实现一个功能，各模块通过接口（输入输出部分）组合在一起，形成最终程序。

几乎所有的高级编程语言都支持模块化编程，不过支持技术和叫法不尽相同，包括子程序、过程、函数、模块、包等。以下我们统称"函数"。

函数构造一般涉及以下一些内容：
- 函数的调用和返回：调用就是要求执行函数，而函数执行完毕应当将控制返回给调用者；
- 参数：相当于函数所需的输入数据，一般需要预先声明参数，并在调用时提供具体的参数值；
- 返回值：相当于函数的输出数据。

UiBot 中的预制件是模块化编程的一个典型示例，现在 UiBot 已经提供了三百多个预制件，涵盖了鼠标键盘、各种界面元素的操作、常见软件的自动化操作、数据处理、文件处理、网络和系统操作等方方面面。这些预制件采用模块化编程，各自相对独立，而又能组合起来完成复杂的功能。

除 UiBot 中的预制件之外，用户在自己编写流程和流程块的时候，也需要注意合理安排流程和流程块，这也是模块化的一个重要应用。正如前面所说，UiBot 并没有规定一个流程块到底要详细到什么程度：流程块可以很粗放，甚至一个流程里面可以只有一个流程块，所有的业务流程都一股脑地放在一个流程块里面，这在业务流程不复杂的时候还好，当业务流程稍微复杂一些的时候，将所有业务流程都放在一个流程块的劣势就慢慢体现出来：代码量大、逻辑不清楚、调试不方便、出现问题不好判断等。所以，我们强烈建议，按照业务流程，将相对独立的业务流程放在一起，独立成不同的流程块，通过流程块之间的数据传递和合作来完成复杂的业务流程。

另外，也可以将一些通用功能抽取成独立的函数、流程块，或者做成插件、自定义命令等方式，供其他人调用。

14.5 命令中心

"命令中心"按钮在 UiBot 主界面的"命令区"上部,单击该按钮即可进入"命令中心"。

进入命令中心

"命令中心"主界面分为三个区域:左边为"导航菜单区",分别列出"更新""UiBot 命令""共享命令"和"自定义命令"四大类命令模块;中间为"命令列表区",列出了命令模块的名称、说明和版本号;右边为"命令说明区",详细列出了"命令列表区"选中命令模块的开发者、安装版本、命令说明、安装说明、包含的命令列表、发布日期等。

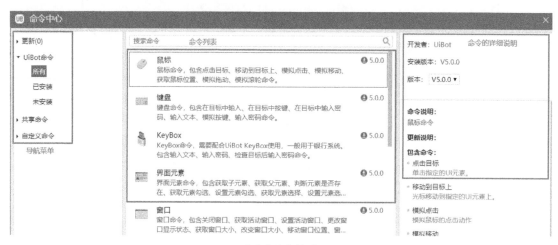

命令中心主界面

14.5.1　UiBot 命令

"导航菜单区"最上面为"更新"。所谓的"更新",指的是用户已经安装的"UiBot 命令"或"共享命令",如果 UiBot 有了更高的版本,系统会推送到"更新"区,用户可以手动选择更新或不更新。

"导航菜单区"的第二栏为"UiBot 命令"。"UiBot 命令"区列出了 UiBot 所有内置的命令模块,包括鼠标、键盘、界面元素、Excel、浏览器等。每个命令模块列出了当前版本和所有可用版本,一般来说,我们推荐用户使用系统给定的默认版本,不建议用户自己更换命令模块的版本。当然,如果用户对某个特定版本的内置命令模块有自己的偏好,也可以将该命令模块切换到某个特定版本。

14.5.2　共享命令

"导航菜单区"的第三栏为"共享命令",第四栏为"自定义命令"。"共享命令"和"自定义命令"是 UiBot 5.0 版本推出的新功能,用户可以将可复用的、常用的功能打包封装成自定义命令,更进一步地,也可以将自定义命令分享到 UiBot 平台,UiBot 官方审核通过后,分享的自定义命令就会出现在"共享命令"区。"共享命令"和"自定义命令"的使用方式与 UiBot 内置命令模块完全相同。

点开"共享命令"可以看到,已经有不少用户分享了自定义命令模块。单击每个命令模块,在右边的"命令说明区",可以详细查看这个命令模块的开发者、安装版本、命令说明、更新说明、包含的命令列表、发布日期等。单击"安装"按钮,即可将该命令模块安装到本机的 UiBot Creator 中。回到 Creator 的主界面,在"命令区"的"共享命令"目录下,可以看到刚才下载的命令模块。

共享命令主界面

14.5.3 自定义命令

上一节已提及,用户可以将可复用的、常用的功能打包封装成自定义命令,下面以一个具体的例子,来看看如何进行自定义命令的编写、安装、调试和发布。

第一步,编写实现自定义命令。

假设有一组运算命令,我们给这一组运算命令取名叫作 myCalc,其中一个命令叫作 myAdd,这个命令实现加法的功能。新建一个 Python 文件 myCalc.py,输入如下 Python 代码:

```
def myAdd(a, b):
    return a+b
```

然后将 myCalc.py 文件打包成 zip 文件 myCalc.zip,留存备用。

第二步,安装调试自定义命令。

在"自定义命令"目录"我的命令"中,单击"新增命令模块"按钮,进入"新增命令模块"的填写页面。这个例子中:"命令图标"使用默认图标;"模块名称"填写"我的运算";"主文件名"填写 myCalc;"添加文件"上传刚才生成的压缩包 myCalc.zip;"命令主页"如果有则填,没有则不填;"模块描述"填写"我的计算模块,用来测试自定义命令"。最后保存。

用户自定义命令 新增命令模块

在"自定义命令"目录"我的命令"中,单击"新增命令"按钮,进入"新增命令"的填写页面。"命令名称"填写"我的加法";"可视化翻译"填写"把 %1% 和 %2% 两个数字相加",其中 %1% 和 %2% 会自动替换成第一个和第二个属性,下面会讲什么叫第一个属性和第二个属性;"源代码函数名"填写 myAdd;"输出到"填写 iRet;"输出说明"填写"加法的返回结果";"命令说明"填写"我的自定义加法"。

用户自定义命令：新增命令

在"新增命令"窗口的右侧，为"属性编辑"窗口，单击"必选属性"右侧的"添加"按钮："属性名称"填写"a"；"显示名称"填写"第一个加数"；"属性说明"填写"第一个加数"；"参数类型"选"数字"；"组件类型"选择"输入框"；默认值填写0。保存。再用同样的方法填写第二个加数。

用户自定义命令 新增属性

单击"新增命令"页面的"保存"按钮，自定义命令添加成功。

在"自定义命令"目录"我的命令"中，单击"安装调试"选项，该自定义命令即被安装到本机的 UiBot Creator 中。回到 Creator 的主界面，在"命令区"的"我的命令"目录下，可以看到刚才安装的命令模块。

在"我的命令"目录下，找到"我的运算"，插入一条"我的加法"命令，不管是可视化视图还是源代码视图，UiBot 都可以给出正确的提示信息，而这些提示信息都是我们刚才填写进去的。用户可以一一对照，这样才能更加清楚地知道填入的内容在何处得到展示。

添加一条"我的加法"命令

在属性设置处，设置第一个加数为 2，第二个加数为 3。

"我的加法"命令属性设置

运行后，可以看到，系统打印出正确的结果，说明自定义命令成功安装。

第三步，发布自定义命令。

在"自定义命令"目录"我的命令"中，在"我的运算"命令模块右边，有三个按钮，分别是"编辑""删除"和"发布"该命令模块。单击"发布"选项，进入"发布命令"页面，填写"更新说明"和版本号，单击"提交"按钮，静待 UiBot 官方审核通过，就可以在"共享命令"区找到您发布的自定义命令啦！

第 15 章　扩展 UiBot 命令

说起"插件",很多人脑海中都会浮现出 IE/Chrome/Firefox 浏览器插件、Eclipse、Visual Studio、Sublime Text 等各种编程工具的插件,这些应用工具层面上的插件,依托于原平台运行,但又扩展了原平台的功能,极大地丰富了原有工具和平台。基于插件,用户甚至可以定制化地打造个性化的浏览器和编程工具。

其实,绝大部分编程语言也提供这样一种插件机制,我们一般称为"类库"。比如 Java 语言,除了提供最基本的语言特性,还额外提供了内容极为丰富的官方核心库,这些核心库涵盖了网络通信、文件处理、加解密、序列化、日志等方方面面,几乎无所不包。但是,即便是如此完善、如此强大的 Java 官方核心库,仍有很多用户还是觉得不够用,或者说在自己特定的应用场景中不好用。因此,一部分具备编程能力的用户,根据自己的应用需求和场景特点,将某一部分的功能打造得非常强大,弥补或者超越了官方核心库。这些用户将这部分功能抽取和贡献出来,这就形成了公认的第三方类库,这些第三方类库和官方核心库一起,共同构成了繁荣的 Java 生态圈。JavaScript 和 Python 语言同样也是如此。

我们再回到 UiBot 上来。前文提到过,UiBot 本质上是一个平台工具,这个平台有几个特点,第一个特点就是"强大",UiBot 提供用于搭建 RPA 流程的零部件数量非常丰富,大大小小一整套的功能模块,从基础的键盘鼠标操作、各种界面元素操作,到常见办公软件、浏览器的自动化操作,从各种各样的数据处理,到文件处理、网络和系统操作等,一应俱全。但是这个平台还有第二个特点,那就是"简单",UiBot 将最通用、最常用、最基本、最核心的功能抽取出来,集成到平台中,形成一套简明、精干的核心库。如果一味地堆砌功能,将大大小小的所有功能一股脑地集成到 UiBot 的框架中,那 UiBot 的框架就会变得非常臃肿,学习难度也会大幅度上升。

那么,问题就来了。如果用户遇到了一个 UiBot 框架不能直接解决的问题,那么应该怎么办呢?类似于 Java 或 JavaScript,UiBot 也提供了**插件**机制,如果您擅长市场上的通用编程语言,那么您可以利用这些编程语言实现特定的功能,然后在 UiBot 中调用这个功能。

更有意思的是,UiBot 还支持用多种不同的编程语言来编写插件。包括 Python 语言、Java 语言、C# 语言和 C/C++ 语言。您可以在此范围内任意选择喜欢的语言,无论哪种语言编写的插件,在 UiBot 里面使用起来几乎没有差异。

当然,由于不同的编程语言之间有比较大的差异,使用不同的编程语言为 UiBot 编写插件的方法也是不一样的。本文分别介绍使用 Python 语言、Java 语言、C# 语言为 UiBot 编写插件的方法。考虑到 C/C++ 语言比较难学，鉴于篇幅，本文就不对这两种语言的插件机制进行介绍了。

在以下描述中，经常会涉及文件目录，如无特殊说明，均指相对于 UiBot 安装目录的相对路径。为了便于书写，我们采用 / 符号来作为路径的分隔符，而不是 Windows 习惯的 \ 符号。

15.1 用 Python 编写插件

15.1.1 编写方式

用 Python 编写 UiBot 插件是最简单的，只需要用任意文本编辑器书写扩展名为 .py 的文件（下文简称 py 文件），并且保存为 UTF-8 格式，放置在 extend/python 目录下，即可直接以插件名.函数名的形式，调用在这个 py 文件里面定义的函数。

注意，这里的**插件名**是指文件名去掉扩展名 .py 以后的部分，例如文件名为 test.py，则插件名为 test。

我们来看一个完整的例子：

1. **编写插件源代码**。打开 extend/python 目录，在这个目录下创建 test.py 文件，使用记事本打开 test.py 文件，写入如下内容：

```python
def Add(n1, n2):
    return n1 + n2
```

2. 将 test.py 文件另存为 UTF-8 编码格式，如下图所示：

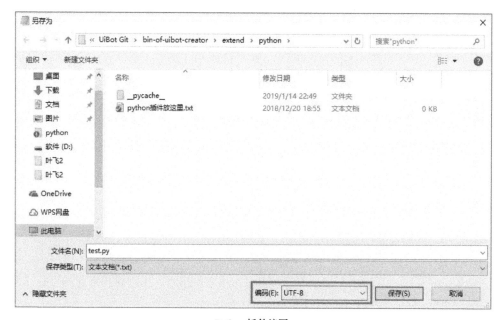

Python 插件编写

3. **调用插件功能**。打开 UiBot，新建一个流程，在源代码视图写入代码：

```
Traceprint test.add(1, 1)
```

4. **验证插件功能是否正确**。运行此流程，结果如下图所示，代表插件调用正常。

Python 插件运行结果

15.1.2 插件 API

在用 Python 编写插件的时候，除了可以调用 Python 本身的功能，插件还可以反过来调用 UiBot 的一部分功能。我们称这些被调用的功能为插件 API。

插件 API 的调用方法如下：

1. 在 Python 插件中写入如下代码：

```
import UiBot
```

2. 直接调用插件 API，例如：

```
def CommanderInfo():
    return UiBot.GetCommanderInfo()
```

目前 Python 插件中能使用的插件 API 包括：

- UiBot.IsStop()

这个函数用于检测当前流程是否需要马上停下来（比如用户按下了"停止"按钮）。当需要停下来时，返回 True，否则返回 False。

当某个插件函数需要执行比较长时间的时候，在执行过程中，如果用户决定停止流程，但插件函数还没有执行完成，流程将无法立即停下来。因此，建议在编写插件时，考虑到插件函数执行时间比较长的情况，并且在函数执行过程中定期调用这个插件 API，来确定流程是否要停下来。如果要停，应该立即退出插件函数。

- UiBot.GetString(string_path)

这个函数用于获得当前语言版本的某个字符串，参数是一个字符串路径（下面解释），返回值是获得的字符串。

我们在插件中可能会用到字符串，有的字符串内容是需要区分语言版本的。比如我们在插件中提示一个报错信息，这个报错信息应该包含中文版、英文版或其他语言版本。如果用户使用的是中文版的 UiBot，那么就报中文的错误；如果用户使用的是英文版的 UiBot，就报英文的错误。

如何做到这一点呢？我们可以在 UiBot 的安装目录下看到 lang/en-us/extend.json 和 lang/zh-cn/extend.json 这两个文件（其他语言版本也有类似的路径，不再赘述），它们分别表示插件中要用到的英文版和中文版的字符串。可以把我们要用的字符串的不同语言版本分别写到这些文件中去，然后在插件中用 UiBot.GetString() 来获得需要的字符串即可。

当然，UiBot 的插件有很多，每个插件中也有很多字符串，这么多字符串都放在一个文件中，如何保证不冲突呢？很容易看到，这个文件是 JSON 格式的，其中用多个嵌套的 JSON Object 来区分不同的字符串。当我们需要使用一个字符串的时候，只需要在 UiBot.GetString() 的参数中填入**字符串路径**即可。所谓**字符串路径**，是指这个字符串所在的 Object 及其往上各级 Object 的 Key 的组合，其中用 / 分隔。比如 UiBot.GetString('App/Prefix') 获得的就是这个文件中，Key 为 'App' 的 JSON Objet 中的 Key 为 'Prefix' 的字符串。

- UiBot.GetCommanderInfo()

当 UiBot Worker 在运行流程时，和 UiBot Commander 建立了连接，则可以通过这个 API 获得 Commander 的一些信息，如 URL 等。除 UiBot 官方之外，一般用户的插件不会用到 UiBot Commander，所以并不需要使用这个 API。

15.1.3 插件的导入模块

单纯的一个 py 文件，功能往往比较有限。只有在 py 文件中通过 import 语句，导入其他的一些 Python 模块，其功能才更加丰富。

实际上，在 UiBot 安装目录的 lib/site-packages 路径下，已经预置了很多 Python 模块（或者 Python 包。Python 包和模块的定义和差异请查阅相关说明，本文不再解释）。这些模块都是在 Python 插件中可以直接使用的。如果我们在插件中还需要导入其他模块，一种方式是将其放置在 lib/site-packages 路径下，还有一种方式是将其放置在 extend/python/<插件名>.lib 路径下。注意这里的 <插件名>.lib 也是一个目录，如果我们有个 Python 插件，文件名是 test.py，则这个目录就是 test.lib。

在编写插件时，我们更推荐把插件中导入的模块（假设这些模块是 UiBot 本身没有预置的）放在 extend/python/<插件名>.lib 路径下，而不是 lib/site-packages 路径下。因为 lib/site-packages 是一个公用目录，当我们删除掉一个插件的时候，很难从中分辨出到底哪个模块是被这个插件所使用的，而现在已经不再需要了。但如果把这些模块放在 extend/python/<插件名>.lib 路径下，就很清晰了，因为在删除插件时，只需要把和插件同名，且扩展名为 .lib 的目录一并删掉，就可保证不错不漏。

另外，值得注意的是：有的 py 文件会导入一些扩展名为 pyd 的模块，这些模块实际上是二进制格式的动态链接库。请注意，动态链接库区分 32 位版本和 64 位版本，如果您使用的 UiBot 是 32 位版本，那么这些 pyd 模块也应该是 32 位版本的；否则，pyd 模块就应该是 64 位版本的。目前，社区版的 UiBot 都是 32 位版本的。

15.1.4 隐藏源代码

对于 py 文件来说，其源代码是完全公开的。如果我们既要让其他人使用我们编写的 Python 插件，又不希望被其他人看到插件的源代码，该怎么办呢？

我们只需要在 UiBot Creator 中至少调用一次这个插件，就会看到有一个 extend/python/__

pycache__目录被创建出来了。到这个目录里面去看一看，里面有一些以插件名开头，中间是诸如 .cpython-37 这样的内容，且以扩展名 .pyc 结束的文件。例如，我们的 py 文件为 test.py，那么会自动创建这样的一个文件：extend/python/__pycache/test.cpython-37.pyc。

把这个文件改名为 test.pyc，并且放在 extend/python 目录下，同时删除掉原来的 test.py（删除前请自行备份），我们仍然可以在 UiBot 中使用 test 这个插件，且用法不变。因为它的代码已经以二进制的格式保存在 test.pyc 中了。我们只需要把这个文件发送给其他人去使用，就可以避免被人直接读到源代码。

当然，test.pyc 实际上并不是加密的，仍然有可能被人反编译得到一部分源代码。如果要做比较彻底的加密，还需要配合其他手段，本文不再赘述。

15.1.5 其他注意事项

1.如果 Python 插件的函数中定义了 N 个参数，那么在 UiBot 中调用的时候，可以传入少于 N 个参数，多余的参数会自动补为 None。但不可以传入多于 N 个参数。

2.可以把 UiBot 中的数组或者字典类型作为参数，传入 Python 插件中，对应为 Python 中的 list 或 dict 类型。也可以把 Python 中的 list、tuple 或 dict 类型作为返回值，传回到 UiBot，前两者都被转换为数组类型，后者被转换为字典类型。无论传入参数，还是返回值，这些复合类型在 Python 插件和 UiBot 之间都采用值传递的方式，而不是引用传递的方式。

3.可以在 Python 插件的函数中抛出异常，异常可以由 Python 插件自行捕获，也可以不捕获。如果 Python 插件不捕获，那么异常会自动被传到 UiBot 中，UiBot 可以捕获。如果 UiBot 也不捕获，那么流程的运行会出错退出，并且会在出错信息中说明是由于 Python 插件中的异常导致的，以便排查问题。

4.UiBot 中已经内置了 Python 的运行环境，无须额外安装 Python。即使安装了，UiBot 也不会使用您安装的 Python。目前 UiBot 内置的 Python 是 3.7.1 版本。

5.Python 中的变量、函数都是区分大小写的，但在 UiBot 中使用 Python 插件时，仍然可以不区分大小写地调用其中的函数。比如，在前面的例子中，可以在 UiBot 中写 test.add(1,1)，也可以写 Test.ADD(1,1)，其效果完全一样。

6.可以在 Python 中使用全局变量，比如可以把变量写到函数之外。全局变量的值被 Python 插件中的所有函数所共享，但不同的插件不共享全局变量。

7.使用 Python 编写 UiBot 插件很容易，但 Python 本身是一门独立的编程语言，使用文本编辑器开发和调试都很不方便，因此建议使用集成开发环境，例如 Visual Studio Code 进行 Python 插件开发。

15.2 用 Java 编写插件

15.2.1 编写方式

从 UiBot 5.0 版开始，支持用 Java 语言写 UiBot 的插件。用过 Java 的读者都知道，Java 的

源代码文件一般以 .java 扩展名结尾，需要先用 JDK（Java Development Kit）编译成扩展名为 .class 的字节码（Byte Code）文件，然后才能运行。运行的时候不一定要安装 JDK，也可以只安装 JRE（Java Runtime Environment）。

由于版权的限制，UiBot 中没有内置 JDK，但内置了由 Oracle 公司发布的 JRE 1.7 版本。所以，为了用 Java 编写插件，需要您自行下载和安装 Oracle JDK 1.7 版本。下载和安装的方法在互联网上有大量资料讲述，本文不再重复。

为了方便您用 Java 语言写 UiBot 的插件，我们设计了一个插件的例子并将其源码放在 GitHub 上。如果您习惯使用 git，也可以从这个 URL 获取：https://github.com/Laiye-UiBot/extend-example。后续内容将围绕这个例子展开。

按照 Java 语言的规范，首先我们需要设计一个插件名，然后将源代码文件命名为＜插件名＞.java，并在文件中写一个 Java 类，这个类的名字也必须是插件名。在例子中，我们可以看到插件名为 JavaPlugin，所以源代码文件名必须是 JavaPlugin.java，而在这个文件中会定义一个名为 JavaPlugin 的类：

```
public class JavaPlugin
{
}
```

为了让 UiBot 能够正常使用这个类，这个类必须是 public 的，也不能包含在任何包里。类里面可以定义 public、private 或 protected 的函数，但只有 public 函数是 UiBot 可以直接调用的。比如，我们在例子中定义了一个叫 Add 的函数，这个函数是 public 的，所以，可以在 UiBot 中调用它。

怎么调用呢？需要先用 JDK 中的 javac 程序，编译这个源码文件，在命令行输入：

```
javac -encoding utf8 JavaPlugin.java
```

当然，这里需要 javac 程序在当前的搜索路径下。另外，例子中的 JavaPlugin.java 是 UTF-8 编码的，且里面有中文字符，所以需要加上 -encoding utf8 的选项。如果没有中文字符，则此选项可以省略。

如果编译成功，会自动生成名为 JavaPlugin.class 的文件，把这个文件放到 extend/java 目录下，然后就可以像使用 Python 插件一样使用它。例如，我们可以打开 UiBot，新建一个流程，在源代码视图写入代码：

```
Traceprint javaPlugin.add(1, 1)
```

运行此流程，结果如下图所示，代表插件调用正常。

Java 插件运行结果

15.2.2 插件 API

和 Python 插件类似，在 Java 插件中，也可以使用插件 API，反过来调用 UiBot 的一部分功能。如果要调用插件 API，无须 import 任何包，只需要在编译 Java 插件的时候，把插件例子中的 UiBot 目录复制到 Java 插件源代码所在目录下即可。

目前 Java 插件中能使用的插件 API 包括：

- UiBot.API.IsStop()

用于检测当前流程是否需要马上停下来（比如用户按下了"停止"按钮）。当需要停下来时，返回 True，否则返回 False。

其具体作用请参考 Python 插件中使用的 UiBot.IsStop() 函数。

- UiBot.API.GetString(string_path)

用于获得当前语言版本的某个字符串，参数是一个字符串路径（下面解释），返回值是获得的字符串。

其具体作用请参考 Python 插件中使用的 UiBot.GetString() 函数。另外，在插件例子中，我们也使用到了这个 API，来获得字符串路径为 'Excel/SaveBook' 的字符串，即 extend.json 文件中，名为 'Excel' 的 JSON Object 中的名为 'SaveBook' 的字符串。

下面这段 UiBot 源代码会先调用 Java 插件中的 GetString() 函数，再反过来调用 UiBot 中的 UiBot.API.GetString()。您可以在 UiBot 中输入这段代码，运行试试，看能得到什么结果。

```
Traceprint JavaPlugin.getString()
```

- UiBot.API.GetCommanderInfo()

当 UiBot Worker 在运行流程时，和 UiBot Commander 建立了连接，则可以通过这个 API 获得 Commander 的一些信息。除 UiBot 官方之外，一般用户的插件不会用到 UiBot Commander，所以并不需要使用这个 API。

15.2.3 变量的传递

Java 是静态类型的编程语言，也就是说，变量在使用之前需要先定义，且定义时必须指定变量的类型（整数、浮点数、字符串等），在运行的时候，变量也只能是指定的这种类型。而且，数组中通常只能包含同一种类型的数据。

但这与 UiBot 有很大的不同，UiBot 的变量是动态类型的，可以不指定类型，运行的时候还可以随意更换类型，数组中也可以包含各种不同类型的数据。

所以，为了在 UiBot 中顺利使用 Java 插件，需要符合以下规定：

- 如果 Java 插件的参数是整数、浮点数、字符串、布尔类型，UiBot 传入的参数也必须是同样的类型（除了下面几条所述的例外情况），否则会出错；
- 如果 Java 插件的参数是浮点数，可以传入整数，不会出错。但反之不成立，也就是说，如果 Java 插件的参数是整数，不能传入浮点数；
- 如果 Java 插件的参数是长整数型（long），可以传入小于 2^31 的整数，不会出错。但反之不成立，也就是说，如果 Java 插件的参数是整数型（int），不能传入大于等于 2^31 的整数；
- 如果需要把字典或数组类型从 UiBot 中传到 Java 插件中，Java 插件中的参数类型只能使用 org.json.JSONArray（对应数组）或者 org.json.JSONObject（对应字典）；
- 如果需要把字典或数组类型从 Java 插件中传到 UiBot 中，Java 插件中的返回值类型只能使用 org.json.JSONArray 或者 org.json.JSONObject。UiBot 会自动把 org.json.JSONArray 类型的返回值转换成 UiBot 中的数组，而把 org.json.JSONObject 类型的返回值转换成 UiBot 中的字典；
- 无论传入参数，还是返回值，这些复合类型在 Java 插件和 UiBot 之间都采用值传递的方式，而不是引用传递的方式；
- 可以在 Java 源代码中写 import org.json.*;，这样就可以直接使用 JSONArray 或者 JSONObject 类型，避免 org.json 的前缀。在插件例子中就是这样写的。另外，org.json 这个包已经被 UiBot 包含在运行环境中了，无须额外下载和安装。

在插件例子中，有一个 Concat 函数，用于演示如何把两个数组从 UiBot 传到 Java 插件中，又如何把两个数组连接后的结果返回到 UiBot 中。建议读者仔细阅读。

插件的引用模块

和 Python 类似，单纯的一个 Java 文件，功能往往比较有限。只有在源代码中通过 import 语句，导入其他的一些 Java 包，其功能才更加丰富。

我们在 UiBot 中已经内置了 Oracle JRE 1.7，当然也包含了 JRE 中自带的包，比如 com.sun.javafx 等。此外，我们还在 UiBot 中内置了要用到的 org.json 包。除上述内容以外，其他第三方的 Java 包可以以 .class 格式的文件存在，也可以以 .jar 格式的文件存在。熟悉 Java 语言的读者，对以上两种文件应该有足够的了解，前者是 Java 代码的 Byte Code，后者是多个 Byte Code 打包而成的压缩文件。

在启动 UiBot 的时候，会自动把 extend/java 目录加入到 Java 的 classpath 中。此外，当加载一个 Java 插件的时候，还会把 extend/java/< 插件名 >.lib 这个目录，以及这个目录下所有扩展名为 .jar 的文件，都自动加入到 Java 的 classpath 中。比如，我们有个 Java 插件，名为 A.class，且放置在 extend/java 目录下。那么，extend/java 目录、extend/java/A.lib 目录，以及 extend/java/A.lib/*.jar，都会加入 classpath 中。我们的插件中如果需要引用任何第三方的 Java 包，只要把包放置在这些路径下，并且符合 Java 的 classpath 规范，即可使用。

15.2.4 其他注意事项

1.Java 插件中的函数不支持可变参数或默认参数，在调用时必须传入指定数量、指定类型的参数。

2.可以在 Java 插件的函数中抛出异常，异常可以由 Java 插件自行捕获，也可以不捕获。如果 Java 插件不捕获，那么异常会自动被传到 UiBot 中，UiBot 可以捕获。如果 UiBot 也不捕获，那么流程的运行会出错退出，并且会在出错信息中说明是由于 Java 插件中的异常导致的，以便排查问题。

3.Java 中的变量、函数都是区分大小写的，但在 UiBot 中使用 Java 插件时，仍然可以不区分大小写地调用其中的函数。比如，在前面的例子中，可以在 UiBot 中写 javaPlugin.add(1,1)，也可以写 JavaPlugin.ADD(1,1)，其效果完全一样。

4. 在写 Java 插件的时候，实际上是定义了一个 Java 类，并且把类里面的 public 函数给 UiBot 去调用。这个类可以有构造函数，也可以有成员变量，它们的初始化都会在流程刚刚开始运行的时候自动完成。

5.UiBot 中内置了 Oracle JRE 1.7 版本，您需要自行下载 Oracle JDK 1.7 版本去编译 Java 插件。虽然有时 JDK 和 JRE 的版本不一致也可以工作，但为了减少麻烦，还是推荐用同一版本。另外，也推荐使用集成开发环境，来进行 Java 插件的开发，例如 Eclipse 或 IntelliJ IDEA。

15.3 用 C#.Net 编写插件

15.3.1 编写方式

UiBot 本身的部分代码就是基于微软的 .Net 框架，用 C# 语言编写的。所以，也可以用 C# 语言编写 UiBot 的插件（以下简称为 .Net 插件）。实际上，微软的 .Net 框架支持多种编程语言，包括 VB.Net、C++/CLI 等，这些编程语言都遵循 .Net 框架的规范，它们都可以用来编写 .Net 插件，但因为 C# 是微软主推的编程语言，所以本文用 C# 举例，有经验的读者亦可将其移植到 .Net 框架上的其他语言。另外，UiBot 对 .Net 插件的支持也是在不断升级的，本文以 UiBot 5.0 版为例，如果在老版本的 UiBot 上，一些例子可能无法正常运行，请及时升级。

为了方便您用 C# 语言写 .Net 插件，我们设计了一个插件的模板，并将其源码放在 GitHub 上。如果您习惯使用 git，也可以从这个 URL 获取：https://github.com/Laiye-UiBot/extend-example。建议您在写 .Net 插件的时候，直接在这个模板的基础上写，而无须从头开始。后续讲述的内容，也将围绕这个模板中的例子展开。

和 Java 插件类似，.Net 插件也需要编译成扩展名为 .dll 的文件，才能被 UiBot 使用。微软的集成开发环境 Visual Studio 兼具编写和编译的功能，并且也提供了免费的社区版，推荐下载使用。我们提供的模板是基于 Visual Studio 2015 版本的，您可以选择这个版本，也可以选择更高版本的 Visual Studio，但不建议使用低于 2015 版本的 Visual Studio。

安装了 Visual Studio，并下载了我们的 .Net 插件模板后，可以双击 UiBotPlugin.sln 文件，这是一个"解决方案"，名字起得很唬人，实际上就是多个相关联的文件的集合。用 Visual Studio 打开这个解决方案后，可以看到，里面包含了很多内容，其中唯一需要我们动手修改的是 UiBotPlugin.cs 文件，其他的文件、引用、Properties 等都可以不去动，如下图所示。

.Net 插件的模板

在 UiBotPlugin.cs 文件里，有一个叫 UiBotPlugin 的命名空间，其中包含了一个接口（interface）和一个类（class）。为了避免混淆，我们推荐把这个命名空间的名字改为您的插件名。比如最终的插件文件是 DotNetPlugin.dll，那么插件名就是 DotNetPlugin，这个命名空间的名字也改为 DotNetPlugin 为宜。

从模板中可以看出：在接口里面声明了三个函数，在类里面写了这三个函数的实现。这三个函数都是例子，您随时可以把它们的声明和实现都删掉，加入您自己的插件函数。但请特别注意：在加入函数的时候，也要保持类似的写法，需要在接口中声明，在类中实现，否则，UiBot 不能正常识别这个插件函数。

我们用例子中的 Add 函数为例，尝试编译插件，并在 UiBot 中调用这个函数：

1. 选择 Visual Studio 的"生成"（Build）菜单项，编译这个解决方案之后，会看到在插件的目录下有个叫 Release 的目录，里面产生了一个叫 UiBotPlugin.dll 的文件。

2. 把这个文件手动改名为您的插件名，并保留 .dll 的扩展名。如改名为 DotNetPlugin.dll。

3. 把这个文件放到 UiBot 的 extend/DotNet 目录下。

4. 打开 UiBot，新建一个流程，在源代码视图写入代码：

```
Traceprint DotNetPlugin.add(1, 1)
```

运行此流程，结果如下图所示，代表插件调用正常。

.Net 插件运行结果

您可能注意到了，在前面的 Python 插件、Java 插件的例子中，都有 Add 这个例子函数，而除插件名之外，UiBot 调用它们的方式和运行结果都没有区别。实际上，不同的插件内部实现是有很大差异的，比如在 Python 语言里，默认用 UTF-8 编码来保存字符串，而在 .Net 里默认用 UTF-16 保存。但 UiBot 已经帮您抹平了这些差异，让您在使用的过程中不必关心这些细节。

和 Python、Java 插件类似，在 .Net 插件中，也可以使用插件 API，反过来调用 UiBot 的一部分功能。如果要调用插件 API，只需要基于我们的模板编写插件即可，无须做其他任何设置。.Net 插件中能使用的插件 API 的名字、参数和含义都和 Java 插件中的完全一致，例如，可以用 UiBot.API.IsStop() 来检测当前流程是否需要马上停下来，等等。请参考 Java 插件的中关于插件 API 的讲解，这里不再赘述。

15.3.2 变量的传递

和 Java 类似，C#.Net 也是静态类型的编程语言，变量在使用之前需要先定义，且定义时必须指定变量的类型。而且，数组中通常只能包含同一种类型的数据。这与 UiBot 的动态类型有很大的不同。

因此，在编写和使用 .Net 插件的时候，需要符合以下规定：

- 对于整数、浮点数、字符串、布尔类型等基本类型的参数，UiBot 对 .Net 插件的类型检查不是很严格，它会尽量进行转换，即使转换不成功，也不会报错。所以，请在使用时特别留意每个参数的类型，避免传入了不正确的值，而没有及时发现。
- 如果需要把字典或数组类型从 UiBot 中传到 .Net 插件中，.Net 插件中的参数类型只能使用 Newtonsoft.Json.Linq.JArray（对应数组）或者 Newtonsoft.Json.Linq.JObject（对应字典）。在模板中，由于我们已经写了 using Newtonsoft.Json.Linq;，所以可以省略前缀，简写为 JArray（对应数组）或 JObject（对应字典），下文亦使用此简化写法。
- 如果需要把字典或数组类型从 .Net 插件中传到 UiBot 中，.Net 插件中的返回值类型只能使用 JArray（对应数组）或 JObject（对应数组）。UiBot 会自动把 JArray 类型的返回值转换成 UiBot 中的数组，而把 JObject 类型的返回值转换成 UiBot 中的字典。
- 无论传入参数，还是返回值，这些复合类型在 .Net 插件和 UiBot 之间都采用值传递的方式，而不是引用传递的方式。

在插件模板中，有一个作为例子的 Concat 函数，用于演示如何把两个数组从 UiBot 传到 .Net 插件中，又如何把两个数组连接后的结果返回到 UiBot 中。建议读者仔细阅读。

15.3.3 其他注意事项

1.JArray 和 JObject 并不是 .Net Framework 里面自带的，而是使用了开源的 Json.Net 实现的。在编译和运行的时候，都需要依赖一个名为 Newtonsoft.Json.dll 的文件。您可能已经注意到了，只要在编译之前把这个文件放到插件源代码所在目录下，在运行之前把这个文件放到 extend/DotNet 目录下，即可正常编译和使用。我们已经把 Newtonsoft.Json.dll 帮您事先放好了。如果您的插件还需要依赖其他文件，也照此办理即可。

2..Net 插件中的函数支持默认参数。在调用时，如果某些参数有默认值，则可以不传值，此参数会自动取默认值。

3. 可以在 .Net 插件的函数中抛出异常，异常可以由 .Net 插件自行捕获，也可以不捕获。如果 .Net 插件不捕获，那么异常会自动被传到 UiBot 中，UiBot 可以捕获。如果 UiBot 也不捕获，那么流程的运行会出错退出，并且会在出错信息中说明是由于 .Net 插件中的异常导致的，以便排查问题。

4. .Net 中的变量、函数都是区分大小写的，但在 UiBot 中使用 .Net 插件时，仍然可以不区分大小写地调用其中的函数。比如，在前面的例子中，可以在 UiBot 中写 DotNet.add(1,1)，也可以写 dotnet.ADD(1,1)，其效果完全一样。

第 16 章　UiBot Commander

首先，再次给出经典的 UiBot Creator、UiBot Worker 和 UiBot Commander 三者的关系图：

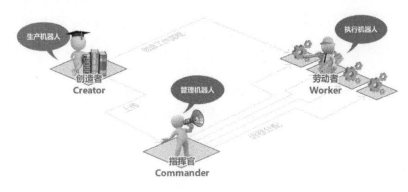

UiBot 的三个组成部分

前面章节已经重点讲述了 UiBot Creator 的各种用法，也用了一个章节的篇幅讲述了 UiBot Worker 的用法，这里，我们将再用一个章节讲述 UiBot Commander 的用法。如果说 Worker 只是一个帮您干活的忠实奴仆的话，那么 Commander 就是一个能够统领千军万马作战的指挥官。UiBot Commander 中文名为"指挥官"，它可以运筹帷幄，调度手中的 Worker 和 Creator 完成复杂的工作，其工作难度不亚于一场战役，称为"指挥官"可谓名副其实。

区别于 UiBot Creator 和 UiBot Worker，UiBot Commander 不是一个应用程序，而是一个 Web 应用。它既可以部署在互联网上，也可以部署在内网中，来满足不同客户的需求。

16.1　用户和组织

既然是指挥官，第一任务是建队伍。第一步，建立完善的组织结构。用户可以单击"组织管理"页面，在"部门管理"标签栏进行部门的增加、删除和修改等操作，UiBot Commander 支持建立树状结构的部门组织结构，层级结构最多支持五层。

第二步，根据需要建立不同的角色。为什么需要角色？这个首先要从权限说起。为了保密和安全的需要，不管是现实生活中的组织，还是虚拟软件形式的信息系统，都会设置各种权限。不过随着系统的增大，如果为每个用户都单独设置权限的话，那就太复杂了，因此普遍的做法是将许多拥有相似权限的用户进行分类管理，这就引出了角色的概念，例如信息系统中就有系统管理员、部门管理员、普通用户、访客等角色，每个角色拥有固定的权限。用户继承一个角色，就可拥有这个角色的权限，这样就可以大大减轻管理的成本。用户可以单击"组织管理"页面，在"角色管理"标签栏进行角色的增加、删除和修改等操作。

第三步，建立用户。这些用户可能属于不同的部门，也有着不同的角色。Commander 默认有一个 admin 用户，这个用户可以完成几乎所有的管理功能，可以直观理解为，admin 就是指挥官。其他的用户也是通过这个 admin 用户建立起来的。

16.2 资源管理

指挥官的第二项重要工作，是对所拥有的资源进行管理，在 UiBot Commander 中，拥有的资源包括流程资源（流程包、流程等）、数据资源、算力资源（Creator、Worker 等）。

流程包管理

Commander 可以将 UiBot Creator 发布出来的 .bot 流程包，导入到 Commander 中。流程包支持版本管理，同一个流程包，可以拥有不同的版本，用户可以按需运行不同版本，且版本可以回溯。

流程管理

如果说流程包只是一个静态程序包的话，那么流程就是流程包的动态使用配置。选定一个流程包、指定流程包的版本、指定流程包的使用部门、指定运行这个流程包的 Worker 类型（人机交互还是无人值守），即可创建一个流程。这说明流程是某个部门，选用某个版本的流程包，选择某个或某几个 Worker 进行执行的过程。需要注意的是：第一、流程不能跨部门；第二、所有的 Worker 类型必须一致，要么全部为人机交互，要么全部为无人值守。

数据管理

为什么需要进行数据管理？这要从流程的编写和使用说起。一个流程如果只给一个用户使用，那么流程中存在硬编码没关系；但是如果多个用户使用同一个流程，而每个用户使用流程的时候，输入大多不相同，例如用户名和密码，因此这些跟用户相关的数据不能写死在流程中，否则流程的通用性不够强。为了解决这个问题，UiBot 提供了数据管理的功能，可以为流程提供不同的"参数"，每个用户在运行的时候选用不同的参数，就可以达到不同用户运行同一个流程，却无须修改代码的效果。

除了多个用户使用同一个流程的需求，还有同一个用户在不同场景使用同一个流程的需求，例如同一个流程可能需要同时运行在测试环境和生产环境，这个时候就需要用到"环境"这个概念。UiBot Commander 中的环境，其实就是一组参数的聚合，这组参数在某个环境取一组值，在另一个环境中取另外一组值，这样就达到了切换环境的目的。

Creator 管理

Creator 与用户一一对应，一个用户对应一个 Creator。具体使用时，在 UiBot Creator 企业版中，使用用户名和密码登录，发布流程，Commander 就会自动记录该用户为一个 Creator。

Worker 管理

Worker 根据自身类型，有两种加入 Commander 的方式。第一、如果 Worker 是无人值守类型，那么直接在 Commander 主界面的"Worker"页面的"无人值守"标签栏，单击"新建 Worker"按钮，填写 Worker 名称、所属部门、Worker 环境，即可创建一个 Worker。创建完成后在无人值守 Worker 列表中即可查询该 Worker，但是可以看到这个 Worker 目前还没有关联任何一台计算机，我们单击该 Worker 条目中的"获取密钥"按钮（一把小钥匙的图标），可以获得一串密钥。然后在 UiBot Worker 软件中，即可使用该密钥，并以无人值守的方式登录，将这台计算机以无人值守的方式加入到 Commander 中。

第二、如果 Worker 是人机交互类型，首先，我们需要为这个 Worker 创建一个用户（具体的创建方法详见上一节"用户和组织"）。同样，然后在 UiBot Worker 软件中，以"人机交互-绑定用户"的方式登录，输入正确的用户名和密码，就能在 Commander 的 Worker 列表中看到该 Worker 了，该 Worker 也就以人机交互的方式被自动加入到该 Commander 的 Worker 列表。

16.3 执行任务

任务管理

新建一个任务的流程如下：
- 第一步，选择流程（前面已讲述）；
- 第二步，选择 Worker（可指定某个或某几个 Worker，也可以自动分配 Worker 执行任务）；
- 第三步，选择执行方式（立即执行、排队执行）。

计划任务

除了立即创建一个任务，也可以在"计划任务"添加计划。计划任务的创建方法与任务管理中大致相同，也需要选择流程、选择 Worker，不同的是执行方式，计划任务可以选择单次运行或定时运行，还可以选择计划开始时间。相比任务管理而言，其更加灵活。

16.4 运行监测

作为一个指挥官，必须对系统的全局有一个通盘的了解。对系统的运行状态进行实时的监测，这样才能够及时发现问题、解决问题。UiBot Commander 提供了多个维度的运行监测，可以使客户对系统的运行状态有科学、详细、直观的了解。具体操作菜单分布在"总览"页面、"操作记录"页面和独立的"消息中心"页面。

总览

在Commander主页面单击进入"总览"页面,"总览"页面主要有两类数据,一类是静态数据,一类是动态数据。所谓静态数据,主要是指当前Commander所管理的系统资产情况,包括总流程数、用户数、Worker数、计划数等。所谓动态数据,主要是指任务运行过程中产生的数据,包括任务运行数(失败数和成功数)、已运行的任务列表、即将运行的任务列表、最新任务运行情况柱状图(按天、周、月进行统计)等。

总览

通过总览,可以对用户实力有一个大致的了解,并可对任务运行情况进行分析,找出任务失败的原因,帮助改善任务的运行效率和成功率。

操作记录

在Commander主页面单击进入"操作记录"页面,"操作记录"页面会记录下用户对Commander系统本身的每一次操作,包括操作时间、登录IP、用户名、操作模块、操作类型等,从这个角度来看,"操作记录"功能本质上是一个审计员,它可以保证用户的每一次操作都可查,可回溯,可追责。

操作记录

消息中心

在 Commander 主页面单击右上角的"消息中心"图标,进入"消息中心"页面,该页面记录任务运行时的每一条消息,包括各种报错、警告、提示信息。

消息中心

附录：编程基础知识

在阅读本书时，我们假设您有任意一门编程语言的最基本的经验，至少了解数据类型、变量、条件判断等基本概念。如果连这些概念都没有，我们将在本章对此进行简单的介绍。UiBot 需要的编程基础非常少，也非常容易学，所以，不必担心，耐心读完、理解本章所讲的概念，就已经足够了。

当然，如果您已有编程基础，那么本章的内容完全可以不用阅读。

我们首先来看一张 Excel 表格。这张表格中的内容是完全虚构的，我们只是用它来解释下面的几个重要概念。

	A	B	C	D
1	订单号	顾客姓名	订单数量	销售额
2	3	李鹏晨	6	261.54
3	6	王勇民	2	6
4	32	姚文文	26	2808.08
5	35	高亮平	30	288.56
6	36	张国华	46	2484.7455
7	65	李丹	32	3812.73
8	66	谢浩谦	41	108.15
9	69	何春梅	42	1186.06

虚构的 Excel 表格

数据

RPA 的主要工作通常就是在处理各种数据，什么是数据呢？我们设想有一张 Excel 表格，里面的很多格子已经填写了内容，这些内容都是数据。数据是计算机和人类之间交换的信息。

实际上，数据还可以细分为结构化数据和非结构化数据。像这种整整齐齐写在一个个格子中的，显然是结构化数据。我们需要接触到的大多数数据也都是结构化数据，所以用这个表格来理解数据的概念就够了。而像图片、声音、视频、网页这些大部分都是非结构化数据，这里就不展开讲了。

数据类型

在一般的编程语言中，都会把数据分为若干种不同的类型，UiBot 常见的数据类型包含数值型、字符串型、布尔型、空值型、复合型等。在初级教程中，学习除复合型之外的几种类型就够了，复合型放在中级教程中学习。

数值型就是数字，可能是整数，也可能包含小数位（在计算机中一般称为浮点数），比如实例表格中的"订单数量""销售额"等。

字符串型通常是一串文字，通常会用一对双引号（"）或一对单引号（'）包起来，以示区别；字符串中使用反斜杠来表示一些特殊字符，例如 \t 代表制表符，\n 代表换行，\' 代表单引号，\" 代表双引号，\\ 代表反斜杠本身等。字符串中间可以直接换行，换行符也会作为字符串的一部分。也可以用前后各三个单引号（'''）来表示一个字符串，这种字符串被称为长字符串。在长字符串中，可以直接写回车符、单引号和双引号，无须用 \n、\' 或者 \"。

布尔型只有"真"和"假"两个值，当然也经常被称为"是"和"否"、"True"和"False"等，内涵都是一样的。空值型的值总是 Null，不区分大小写。

如何区分这几个数据类型呢？一般来说，数值型是可以加减乘除的；字符串通常只会连接，而没有其他运算；布尔型通常只有"与、或、非"等逻辑运算。比如表中"顾客姓名"一列的数据，做加减乘除和逻辑运算都是没有意义的，所以应该是字符串类型，写的时候要加一对双引号，如"李鹏晨"。

表中"订单号"一列的数据，本质上都是数字，可以加减乘除，但它们的加减乘除并无意义。所以既可以按数值型处理，也可以按字符串型处理，设计者根据需要酌情考虑。

变量

在上面的 Excel 表格中，每个数据都是保存在一个小格子当中的。而且，Excel 给每个小格子都设定了一个名字，比如 261.54 这个数据所占用的格子，就被称为 D2。这个格子里面的数据可能会改变，比如销售额可能会发生变化，但是，这个格子的名字，D2，是不变的。我们在 Excel 中只要取 D2 这个格子里面的数据，就可以取得其中最新的值。

"变量"是编程中一个常见的概念，和 Excel 中的格子一样，变量也相当于是一个格子，里面可以存放数据。变量也有名字，可以通过名字取得变量中保存的数据，也可以通过名字对变量"赋值"，也就是设置变量中保存的数据。

Excel 中的格子命名都是"字母 + 数字"的形式，而编程语言中的变量命名会灵活很多，可以是一个很长的英文单词，或者用下画线连接起来的好几个单词，除了第一个字符，后面还可以使用 0~9 的数字。有的编程语言，包括 UiBot 所使用的编程语言，还可以用汉字来命名变量。一般推荐把变量的命名设置得略长一些，最好是有意义的单词或词组，而不是像 D2 这样的"代号"。这主要是为了让我们在阅读的时候看得更清晰，对程序的运行并没有影响。UiBot 变量名不区分大小写。

UiBot 中的变量是动态类型的，无须再定义的时候声明变量的类型，即变量的值和类型都可以在运行过程中动态改变。这也符合一般脚本语言如 Python、Lua、JavaScript 的习惯。

定义变量名的方式是：Dim 变量名。在定义变量名的同时可以给变量赋一个初始值：Dim

变量名 = 值。想要定义多个变量的话，可以这样定义：Dim 变量名 = 值，变量名 = 值。同理，想要定义一个常量就可以这样定义：Const 常量名 = 值，常量名 = 值。

表达式

变量和变量之间或者变量和固定的数据之间，都可以进行运算，它们运算的算式被称为"表达式"。由于变量的值可能会发生变化，所以表达式的值也可能会发生变化。在编程语言中写一个表达式以后，只要当运行到了表达式所在的这一行，才会去根据变量里面保存的数据，去计算表达式的值。

比如，$x+2$ 就是一个表达式，当我们不能确定 x 的值的时候，就不能确定这个表达式的值。如果在运行到这一行的时候，发现 x 的值是3，那么 $x+2$ 的值就是5。

当然，有的运算是没有意义的，比如我们对一个字符串做除法，就是没有意义的。但由于我们在书写表达式的时候，变量的值还没有确定，可能无法马上确定这个表达式有问题。到运行到这一行的时候，计算机才发现表达式有错，无法继续运行下去了，通常会报错并退出。

条件判断

在编写一段程序的时候，我们通常会一行一行地去写。在程序运行的时候，通常也会按照从上到下的顺序，一行一行地运行。当然，这种运行方式是不够灵活的，我们常常希望能在运行的时候判断某个条件，然后根据条件，决定是否要执行某一段语句。这就是条件判断语句。

条件判断语句在不同的编程语言中有不同的写法，但其大致形式通常都是一样的：

```
如果 <表达式> 则
    语句1
    语句2
条件判断结束
```

其含义是，在运行到"如果"那一行的时候，会计算其中的表达式的值。这个表达式的值应该是布尔类型，如果不是，通常会自动转换为布尔类型。计算机会根据这个表达式的值，来决定要不要运行被"如果"和"条件判断结束"所包夹的语句，也就是例子中的语句1和语句2。只有当这个表达式的值为"真"的时候，才会运行它们，否则，会跳过它们。

我们在程序中会经常遇到条件判断语句，比如如下的程序：

```
发送邮件
如果 发邮件没有成功 则
    给用户报告没有成功
条件判断结束
```

只要正确地填写"如果"这一行中的表达式，使其在"发邮件没有成功"的时候为真，在"发邮件成功"的时候为假，就能达到我们的目的。反之，通常条件判断语句没有写好，其实也都是表达式没有设定好。在这个例子里面，通常"发送邮件"语句会给一个变量赋值，告诉我们是否发送成功，我们只需要把这个变量置入"如果"这一行的表达式中，即可奏效。

循环

循环语句和条件判断语句的形式比较接近,通常是:

```
当 <表达式> 的时候循环
    语句 1
    语句 2
循环结束
```

和条件判断语句类似,在运行到"当 XXX 的时候循环"时,也会先计算其中的表达式的值,如果表达式的值为"假",会跳过这个循环,直接运行"循环结束"后面的语句。但和条件判断语句最大的不同是,如果表达式的值为"真",会在运行完后面的语句 1 和语句 2 以后,再次跳回"当 XXX 的时候循环"这一行,重新判断表达式的值。

这样一来,就可以用循环语句,让计算机来做重复性的工作了。比如下面的程序:

```
发送邮件
当  邮件没有发送成功  的时候循环
    再尝试发送邮件
循环结束
```

当邮件没有发送成功的时候,这个程序会反复尝试,直到邮件发送成功为止。当然,和条件判断语句类似,循环语句里面最关键的还是如何正确地设置这个表达式。如果设置得不好,表达式始终为"假",则有可能程序在这里一直循环,不会再往下运行,也不能结束,这种情况叫"死循环"。

初级试题

1.（判断题）RPA 是 Robotic Process Automation 的英文缩写，中文翻译为机器人流程自动化。（　）

　　A. 正确　　　　　　　　　　B. 错误

2.（单选题）RPA 最开始是从哪个行业兴起的？（　）

　　A. 人力资源　　B. 财务　　　C. 制造业　　　D. 软件业

3.（单选题）RPA 和财务机器人的关系是（　）

　　A. 没有关系　　　　　　　　B. 财务机器人包含 RPA

　　C. RPA 包含财务机器人　　　D. RPA 和财务机器人是同一个概念

4.（单选题）RPA 的"非侵入"特性主要是指（　）

　　A. 不会被病毒入侵

　　B. 不会被入侵检测系统误报为病毒

　　C. 不需要已有软件系统提供额外的接口

　　D. 自身不需要提供扩展的接口

5.（单选题）Office 的"宏"（Macro）功能和 RPA 有什么区别？（　）

　　A. "宏"比 RPA 更安全

　　B. "宏"比 RPA 更不安全

　　C. "宏"只能控制 Office，RPA 可以操作多个软件

　　D. "宏"不是自动化操作，RPA 是自动化操作

6.（多选题）UiBot 由哪些部分组成？（　）

　　A. UiBot Creator　　　　　　B. UiBot Worker

　　C. UiBot Commander　　　　　D. UiBot Control Room

7.（单选题）UiBot 中四个最基本、最重要的概念为：（　）

　　A. 流程、目标、命令、属性　　B. 流程、目标、流程块、属性

　　C. 流程、目标、命令、指令　　D. 流程、流程块、命令、属性

8.（多选题）在 UiBot Creator 的一个流程中，哪些组件是必须有的：（　）

　　A. 开始　　　B. 结束　　　C. 流程块　　　D. 判断

9.（多选题）关于 UiBot Creator 流程图中的"流程块"组件的粗细程度，以下说法正确的是：（　）

　　A. 流程块总数需要适宜，一个流程中最好不要超过 20 个流程块

B. 流程块总数尽量多一些，这样每个流程块之间的逻辑关系可以更加清晰一些

C. 流程块总数尽量少一些，这样流程块之间传递的数据可以少一些

D. 把相对比较独立的流程逻辑放在一个流程块里

10.（多选题）关于 UiBot Creator 的流程图，下列说法正确的是（　　）

A. 仅使用流程图，也可以做一个简单的流程

B. 流程图中必须有至少一个流程块

C. 流程图中最多只能有一个"结束"元素

D. 不同流程块里面的变量是隔离的

11.（单选题）可视化视图中的键盘、鼠标等命令，在源代码视图中表现为什么？（　　）

A. 函数定义　　B. 函数调用　　C. 启动线程　　D. 启动流程

12.（单选题）"界面元素"和"有目标命令"有什么关系？（　　）

A. "有目标命令"是"界面元素"的一种

B. "界面元素"是"有目标命令"的一种

C. "有目标命令"中的目标可以是界面元素，也可以是图片

D. "有目标命令"中的目标一定是界面元素

13.（多选题）UiBot 命令中，有操作目标的概念，关于目标，下列哪些说法是正确的？（　　）

A. 所有的界面元素都可以作为 UiBot 的操作目标

B. 所谓有目标的命令，就是在命令中指定了一个界面元素

C. UiBot 能够选取 Chrome 及 IE 中的界面元素作为目标

D. UiBot 不能选取 SAP 系统中的界面元素作为目标

14.（多选题）UiBot 鼠标命令中，以下属于有目标命令的是：（　　）

A. 单击目标　　　　　　B. 模拟单击

C. 移动到目标上　　　　D. 获取鼠标位置

15.（单选题）使用 UiBot 单击百度（www.baidu.com）首页中的"搜索"按钮，下列方法最可靠的方法是：（　　）

A. 使用鼠标命令，移动到指定坐标后，模拟鼠标单击

B. 使用找图命令，找到"搜索"按钮的位置，再使用鼠标：模拟单击

C. 使用执行 Javascript 方法，模拟单击按钮

D. 使用鼠标命令：单击目标

16.（多选题）相比于"无目标命令"，"有目标命令"的优点包括哪些：（　　）

A. 有目标命令的执行速度通常更快

B. 有目标命令不会造成错选和漏选

C. 有目标命令不受图像遮挡的影响

D. 有目标命令可以用于 Citrix、远程桌面等环境

17.（多选题）关于界面元素的"错选"和"漏选"，下面说法正确的是（　　）

A. 漏选通常更容易被发现　　　　B. 错选通常更容易被发现

C. 减少特征容易造成错选　　　　D. 减少特征容易造成漏选

18．（单选题）对于有目标命令，如果在运行的时候目标不存在，则 UiBot 会如何做？（　　）

A. 继续运行下一条命令　　　　B. 直接报错误

C. 直接停止运行　　　　D. 继续查找目标，直到超时后报错误

19．（单选题）对于有目标命令，在可视化视图中显示的缩略图，在运行的时候会起到什么作用？（　　）

A. 不起任何作用

B. 在运行的时候会查找这张缩略图，并以找到的位置作为目标

C. 在运行的时候会查找这张缩略图，并以找到的位置作为目标特征的交叉验证

D. 在运行的时候会把缩略图粘贴到目标中

20．（多选题）作为目标的界面元素，其特征和外观的关系是（　　）

A. 特征发生变化，外观一定发生变化

B. 特征发生变化，外观不一定发生变化

C. 外观发生变化，特征一定发生变化

D. 外观发生变化，特征不一定发生变化

21．（单选题）当我们使用"键盘"中的"在目标中输入"命令，但目前输入焦点不在目标上的时候，会发生：（　　）

A. 会报错误

B. 不报错误，但也不输入

C. 会输入到当前的输入焦点中

D. 会输入到作为目标的界面元素中

22．（单选题）对于有目标命令，如果当前目标的特征显示为一对空的花括号 {}，在运行的时候：（　　）

A. 一定会报错误

B. 会查找哪个界面元素符合这一特征，并以这个界面元素作为目标

C. 不会报错误，但操作没有效果

D. 不会报错误，会以当前输入焦点作为目标

23．（单选题）对于有目标命令，其目标是采用 UiBot 语言中的哪种数据类型表示的？（　　）

A. 数组　　　　B. 字典　　　　C. 二维数组　　　　D. 字符串

24．（单选题）对于有目标命令，其目标可以用树形结构表示。在什么情况下，会认为目标正确匹配了？（　　）

A. 树形结构中的所有特征都完全匹配

B. 树形结构的一条分支能够匹配

C. 树形结构最里面的一级特征（即叶节点）能够完全匹配

D. 树形结构最里面的一级特征（即叶节点）能够匹配至少一个

25.（单选题）网页上的某个界面元素，用 IE 和 Chrome 浏览，其特征：（　　）

　　A. 是一样的

　　B. 是不一样的

　　C. 有的元素可能是一样的，有的可能是不一样的

　　D. 是否一样，取决于 IE 和 Chrome 的版本

26.（单选题）用 Chrome 浏览器打开 mail.qq.com，进入登录界面，并选择"QQ 登录"，会发现网页上有的界面元素可以正确选取，而 QQ 账号、密码等界面元素无法选取，其原因是：（　　）

　　A. 没有安装 Chrome 的扩展程序

　　B. 没有以管理员账号启动 UiBot

　　C. 这个网页上有跨域的元素，Chrome 无法选取

　　D. QQ 账号、密码等界面元素是采用 DirectUI 技术绘制的，无法选取

27.（多选题）下列 UiBot 内置命令，有哪几个是无目标命令？（　　）

　　A. 单击图像　　　　　　　B. 单击目标

　　C. 图像 OCR 识别　　　　D. 设置元素文本

28.（多选题）UiBot 鼠标命令中，以下属于无目标命令的是：（　　）

　　A. 单击目标　　　　　　　B. 模拟单击

　　C. 移动到目标上　　　　　D. 获取鼠标位置

29.（单选题）在 Windows 的屏幕坐标系中，坐标为 (0,0) 的点是在屏幕的什么位置？（　　）

　　A. 左上角　　B. 左下角　　C. 右上角　　D. 右下角

30.（多选题）在可视化视图中插入一条"查找图像"命令，并单击命令上的"查找目标"按钮，拖动鼠标划一个框之后，会自动指定命令的哪些属性？（　　）

　　A. 指定窗口作为目标

　　B. 指定划定的区域为图像的识别范围

　　C. 指定划定的区域的图像为要查找的图像

　　D. 根据划定的区域中的图像特性，自动指定查找图像的相似度

31.（单选题）在查找图像的时候，指定查找的图像文件为 @res"1.png"，其含义是（　　）

　　A. 要查找的是 C:\res\1.png 文件

　　B. 要查找的是 Windows 安装目录的 res 子目录下的 1.png 文件

　　C. 要查找的是流程所在目录的 res 子目录下的 1.png 文件

　　D. 要查找的是 UiBot 安装目录的 res 子目录下的 1png 文件

32.（单选题）Excel 中选中 B2:C4 的区域，则选中区域中单元格的个数为：（　　）

　　A. 2　　　　　B. 3　　　　　C. 6　　　　　D. 8

33.（判断题）执行"软件自动化"的"打开 Excel"命令时，必须打开 Excel 软件操作界面。（　　）

　　A. 正确　　　　　　　　　B. 错误

34.（判断题）条件分支语句，可以有一个分支，也可以有两个分支。（　　）

　　A. 正确　　　　　　　　　　B. 错误

35.（多选题）UiBot 中循环的种类有：（　　）

　　A. 条件循环　　B. 无条件循环　　C. 计次循环　　D. 无限循环

36.（多选题）UiBot Creator 编写的流程，如何发送到 UiBot Worker 上运行？（　　）

　　A. 使用 UiBot Creator 编译功能，直接编程 exe 文件，无须 Worker 即可运行

　　B. 使用 UiBot Creator 企业版 发布功能，打包成 Bot 文件，复制到 UiBot Worker 电脑，使用 Worker 导入 Bot 文件运行

　　C. 使用 UiBot Creator 企业版 发布功能，打包成 Bot 文件，上传到 UiBot Commander，使用 UiBot Commander 下发到 UiBot Worker 运行

　　D. 直接将流程文件复制到 UiBot Worker 上运行

37.（判断题）在企业使用场合，UiBot Creator 既可以编写流程，也可以执行流程，因此不需要 UiBot Worker。（　　）

　　A. 正确　　　　　　　　　　B. 错误

38.（单选题）UiBot 中，以下属于布尔值常量的有：（　　）

　　A. "真"和"假"　　　　　　　B. "是"和"否"

　　C. "对"和"错"　　　　　　　D. True 和 False

39.（多选题）UiBot 语言中，如何定义一个变量？（　　）

　　A. Const var1　　　　　　　B. Dim var1

　　C. Dim var1 = "hello world"　　D. var1 = "Hello world"

40.（单选题）关于常量和变量，说法正确的是（　　）

　　A. 常量是程序中经常使用的量

　　B. 变量是在程序运行中始终变化的量

　　C. 变量是在程序中可以取不同值的量

　　D. 常量和变量都是用符号表达一个量，没有什么本质区别

实践题：自动生成公文

1）打开本地的 Excel 文件，该 Excel 文件存储了公文的关键信息，例如姓名、职位等。

2）打开 Word 文件，Word 文件为公文模板，需要填写部分已用特殊关键词标识。

3）使用 Word 替换功能将 Word 文档中的内容替换成 Excel 中的相应字段。

4）将 Word 文档另存为"姓名＋职位".docx。

5）循环执行第 2~4 步，直到把 Excel 每一行都处理完成。

中级试题

1. （多选题）UiBot 语言中注释内容，正确的方式有：（   ）

   A. // 这是一条注释内容　　　　　B. /* 这是一条注释内容 */

   C. # 这是一条注释内容　　　　　D. % 这是一条注释内容

2. （多选题）UiBot 语言中，下列关于数据类型的描述，正确的有：（   ）

   A. 布尔型的值仅有 True 或者 False，两者皆不区分大小写

   B. 空值型的值总是 Null，不区分大小写

   C. 变量是动态类型，即变量的值和类型都可以在运行过程中动态改变

   C. 变量是静态类型，即变量的值可以在运行过程中动态改变，但类型不可以改变

3. （多选题）UiBot 语言中，复合类型包含以下哪几种？（   ）

   A. 列表　　　　B. 数组　　　　C. 集合　　　　D. 字典

4. （单选题）为什么 UiBot 要使用自创的语言，而不是流行的脚本语言如 Python 等？（   ）

   A. 因为技术上无法使用

   B. 因为开源协议不允许使用

   C. 为了让业务人员（而不是 IT 人员）更容易学习

   D. 为了避免流行的脚本语言版本太多，无法统一的问题

5. （多选题）UiBot 语言中，下列关于变量的描述，正确的有：（   ）

   A. 变量名是区分大小写的　　　　B. 变量名是不区分大小写的

   C. 变量是动态类型的　　　　　　D. 变量是静态类型的

6. （单选题）对于语句 a = b = c，两个等号的作用分别是：（   ）

   A. 前者是赋值，后者是判断是否相等

   B. 前者是判断是否相等，后者是赋值

   C. 两者都是赋值

   D. 两者都是判断是否相等

   E. 这个语句是错误的

7. （单选题）对于下列语句

   a=[487, 557, 256]

   b=a

   b[0] = 558

   运行后，a 的值是：（   ）

   A. [487, 557, 256]　　　　　　B. [558, 557, 256]

C. [487, 558, 256]　　　　　　D. 558

8.（单选题）在 UiBot 语言中，如果一个函数有 3 个参数，其中有 1 个带有默认值。在调用时：（　　）

A. 传入 3 个参数是不合法的　　　B. 传入 2 个参数是不合法的

C. 传入 1 个参数是不合法的　　　D. 传入 1、2、3 个参数都是合法的

9.（单选题）在 UiBot 语言中，一个流程块是否可以调用另一个流程块：（　　）

A. 不可以

B. 只可以调用另一个流程块中的函数

C. 只可以运行另一个流程块

D. 既可以调用另一个流程块中的函数，也可以运行另一个流程块

10.（多选题）以下语言中，计算机能够直接读懂的是（　　）

A. Java 语言　　B. Python 语言　　C. 英语　　D. 中文

11.（多选题）BotScript 语言是一种：（　　）

A. 自然语言　　B. 编程语言　　C. 脚本语言　　D. 机器语言

12.（判断题）UiBot 中，变量名取名没有任何限制。（　　）

A. 正确　　　　　　　　　　B. 错误

13.（判断题）运行以下语句是否会抛出异常：

dim a = 1

a = "1"（　　）

A. 会　　　　　　　　　　　B. 不会

14.（单选题）对于下列语句

dim a = 5

if a<3

TracePrint a&" 位于第一阶段 "

elseif a<6

TracePrint a&" 位于第二阶段 "

else

TracePrint a&" 位于第三阶段 "

end if

运行后，打印的信息为：（　　）

A. 5 位于第一阶段　　　　　　B. 5 位于第二阶段

C. 5 位于第三阶段　　　　　　D. 其他选项都不对

15.（单选题）对于下列语句

dim a = 25

Do until a<15

TracePrint a

a = a-1

Loop

运行后，最后一行打印出的信息为：（　　）

A. 25　　　　　B. 14　　　　　C. 15　　　　　D. 16

16.（单选题）立即结束当前循环，并开始下一次循环的语句是：（　　）

　A. break 语句　　　　　　　　B. continue 语句

　C. return 语句　　　　　　　　D. exit 语句

17.（判断题）UB 语言中是否有异常捕获语句？（　　）

　A 有　　　　　　　　　　　　B. 没有

18.（多选题）关于 UiBot Creator 的视图，以下说法正确的是：（　　）

　A. 流程图视图是描述流程的　　B. 可视化视图是描述流程的

　C. 源代码视图是描述流程块的　D. 流程图视图是描述流程块的

19.（单选题）封装对浏览器的各种操作的模块是：（　　）

　A. WebBrowser 模块　　　　　　B. HTTP 模块

　C. Mail 模块　　　　　　　　　D. Sys 模块

20.（多选题）关于 UiBot 中的"数据抓取"功能，下列说法正确的是：（　　）

　A. 可以用来抓取 Java 中的表格

　B. 可以用来抓取 sap 中的表格

　C. 可以用来抓取桌面程序中的表格

　D. 可以用来抓取浏览器中的表格

21.（单选题）"数据抓取"功能放置在 UiBot Creator 的：（　　）

　A. 菜单栏　　　B. 工具栏　　　C. 命令中心　　　D. 命令中心和工具栏

22.（判断题）"数据抓取"时是否可以抓取网页的多页数据？（　　）

　A. 是　　　　　　　　　　　　B. 否

23.（多选题）UiBot 的文件处理操作包含哪几种文件类型？（　　）

　A. 通用文件　　B. INI 文件　　C. CSV 文件　　D. XML 文件

24.（单选题）使用 INI 格式的"读键值"命令时，如果多个小节都存在键名，则：（　　）

　　A. 读第一个查找到的键值　　B. 读最后一个查找到的键值

　　C. 随机选取一个键值　　　　D. 根据"小节名"属性查找

25.（单选题）使用"过滤数组数据"命令过滤数组 ["12","23","34"]，过滤条件为"2"，"保留过滤文字"属性为否，则结果为：（　　）

　　A. ["12","23","34"]　　　　　B. ["12","23"]

　　C. ["34"]　　　　　　　　　　D. []

26.（单选题）"获取时间"命令获取的是什么时间？（　　）

A. 从 1900 年 1 月 1 日起到现在经过的时间

B. 从 1970 年 1 月 1 日起到现在经过的时间

C. 从 2000 年 1 月 1 日起到现在经过的时间

D. 当前时间的字符串

27.（判断题）在集合操作中，1 和 "1" 是否是同一个元素？（　　）

A. 是　　　　　　　　　B. 否

28.（多选题）使用 CSV 文件的好处有：（　　）

A. 文件结构简单，可读性好　　B. 数据容量小，易于网络传输

C. 可与 Excel 文件进行转换　　D. 标准开放

29.（单选题）"数据表"的"数据筛选"命令为：（　　）

A. SliceDataTable　　　　B. QueryDataTable

C. SortDataTable　　　　D. CompareDataTable

30.（单选题）对以下两个数据表进行"合并数据表"命令，

A 表

id name

1 小王

2 小李

3 小刘

B 表

id A_id job

1 2 老师

2 4 程序员

如果连接方式选"外连接"，则结果为：（　　）

A. 小李 老师

B. 小王 null　　小李 老师　　小刘 null

C. 小李 老师　　null 程序员

D. 小王 null　　小李 老师　　小刘 null　　null 程序员

31.（单选题）JSON.Parse 的意思是：（　　）

A. 将字符串转换成 JSON 对象

B. 将 JSON 对象转换成字符串

C. 将 JSON 对象转换成数组

D. 将字符串转换成数组

32.（多选题）以下哪个字符串不能被正则表达式 a(bc?)d 匹配到？（　　）

A. abcd　　　B. abd　　　C. abc　　　D. acd

33.（单选题）正则表达式中，+ 代表什么意思？（　　）

A. 匹配 0 个或多个的数量限定符

B. 匹配1个或多个的数量限定符

C. 扩展（的含义，也是0或1数量限定符，以及数量限定符最小值

D. 匹配除了换行符外的任意一个字符

34.（单选题）发送邮件的协议一般为：（　　）

 A. POP3　　　B. SMTP　　　C. MAIL　　　D. HTTPS

35.（多选题）UiBot 中标志一个应用程序的特征有：（　　）

 A. 应用程序文件名　　　　　B. 应用程序进程名

 C. 应用程序标题栏　　　　　D. PID

36.（多选题）流程执行的过程中，什么情况下需要弹出对话框？（　　）

 A. 将流程信息告知用户　　　B. 用户进行选择

 C. 用户进行数据输入　　　　D. 流程与人双向信息沟通

37.（多选题）RPA 和 AI 的关系，正确的是：（　　）

 A. 两者好比人类大脑和手脚的关系

 B. 两者可以相互赋能

 C. 两者有明显的区别，一个是思考，一个是做

 D. 两者可以融合为智能流程自动化

38.（多选题）以下数据属于结构化数据的有：（　　）

 A. Excel 数据　　B. 网页　　　C. 图片　　　D. 二维表格

39.（多选题）UiBot 支持多模块，可以用其他语言实现扩展模块，并在当前流程中使用。以下几种语言，有哪些是可以给 UiBot 制作扩展模块的？（　　）

 A.Net 语言（如 C#）　　　　B.Python 语言

 C.Java 语言　　　　　　　　D.JavaScript 语言

 E.C 语言　　　　　　　　　F.Lua 语言

40.（判断题）在 UiBot Commander 中，一个用户可以拥有多个角色。（　　）

 A. 正确　　　　　　　　　　B. 错误

实践题：购物信息抓取

1）打开本地的 Excel 表格，该 Excel 表格中存储了需要抢购的商品列表。

2）读取 Excel 中的商品列表关键字到内存数组。

3）打开天猫主页，输入商品列表中第一个关键字，单击"搜索"按钮，单击"按销量排序"选项。

4）抓取前2页数据，保存成 Excel 表格。

5）重复执行第3~4步，直到所有商品搜索完毕。